AF649693

Daniela Birkelbach

Homöopathie bei Hunden und Katzen

Daniela Birkelbach

Homöopathie bei Hunden und Katzen

Daniela Birkelbach, Walddorfhäslach

Wissenschaftliche Verlagsgesellschaft Stuttgart

Zuschriften an
lektorat@dav-medien.de

Anschrift der Autorin
Dr. rer. nat. Daniela Birkelbach
Waldenbucher Weg 29/1
72141 Walddorfhäslach

Hinweis
Aus Gründen der besseren Lesbarkeit verzichten wir auf die gleichzeitige Verwendung der Sprachformen männlich, weiblich und divers (m/w/d). Sämtliche Personenbezeichnungen gelten gleichermaßen für alle Geschlechter.

Alle Angaben in diesem Buch wurden sorgfältig geprüft. Dennoch können die Autorin und der Verlag keine Gewähr für die Richtigkeit der Angaben übernehmen.

Ein Markenzeichen kann markenrechtlich geschützt sein, auch wenn ein Hinweis auf etwa bestehende Schutzrechte fehlt.

Bibliografische Information der Deutschen Nationalbibliothek
Die Deutsche Nationalbibliothek verzeichnet diese Publikation in der Deutschen Nationalbibliografie, detaillierte bibliografische Daten sind im Internet über https://portal.dnb.de abrufbar.

Jede Verwertung des Werkes außerhalb der Grenzen des Urheberrechtsgesetzes ist unzulässig und strafbar. Dies gilt insbesondere für Übersetzung, Nachdruck, Mikroverfilmung oder vergleichbare Verfahren sowie für die Speicherung in Datenverarbeitungsanlagen.

1. Auflage 2023
ISBN 978-3-8047-3490-6
ISBN 978-3-8047-3491-3 (E-Book, PDF)

© 2023 Wissenschaftliche Verlagsgesellschaft mbH
Birkenwaldstraße 44, 70191 Stuttgart
www.wissenschaftliche-verlagsgesellschaft.de
Printed in Poland

Satz: primustype Hurler GmbH, Notzingen
Druck: Drukarnia Dimograf, Bielsko-Biała
Umschlaggestaltung: deblik, Berlin
Umschlagabbildung: nataba/stock.adobe.com

MIX
Papier | Fördert gute Waldnutzung
FSC® C018236

Klimaneutral Druckprodukt

Vorwort

Liebe Leserin, lieber Leser,
ich freue mich, Ihnen die erste Auflage des Kitteltaschenbuchs „Homöopathie bei Hunden und Katzen" präsentieren zu dürfen.
In Deutschland leben mit steigender Tendenz etwa 13 Millionen Katzen und rund 8 Millionen Hunde. Die Homöopathie gehört inzwischen auch im Veterinärbereich neben Akupunktur und Phytotherapie zu den anerkannten Naturheilverfahren. Immer mehr Menschen suchen nicht nur für sich, sondern auch für ihre Haustiere eine sanfte, aber dennoch wirkungsvolle und nebenwirkungsarme Alternative und Ergänzung zur klassischen Schulmedizin.
Seit über 20 Jahren arbeite ich als Heilpraktikerin für Haustiere und deren Menschen in einer eigenen Praxis im Süden von Stuttgart und durfte in all der Zeit umfassende und teils erstaunliche Erfahrungen mit homöopathischen Heilmitteln sammeln. Zu mir in die Praxis kommen sowohl Homöopathie-Neulinge als auch Tierbesitzer, die bereits positive Erfahrungen mit dieser sanften Regulationsmedizin gemacht haben. Alle diese Tierhalter vereint der Wunsch nach einer ganzheitlichen Therapie für Ihre vierbeinigen Begleiter, die nicht nur einzelne Beschwerden, sondern den tierischen Patienten in seiner Gesamtheit möglichst ursächlich und tiefgreifend behandelt. Die Homöopathie ist eine zuverlässige Heilmethode, indem sie die Selbstheilungskräfte des Organismus aktiviert und reguliert. Sie kann deshalb bei der Behandlung akuter und chronischer Erkrankungen, aber genauso bei körperlichen und seelischen Beschwerden eingesetzt werden.
Mit diesem Buch möchte ich auch Ihnen die Vorteile und den Nutzen der Tierhomöopathie näherbringen. Diese ganzheitliche Therapieform bewährt sich ausgezeichnet bei einer Vielzahl typischer Erkrankungen unserer Hunde und Katzen.
Mithilfe einer umfangreichen, übersichtlich gestalteten Indikationsliste von A bis Z und den Arzneimittelbildern der wichtigsten homöopathischen Einzelmittel finden Sie schnell die passende homöopathische Behandlung, wenn der Vierbeiner erkrankt ist und nicht sofort ein Tierarztbesuch nötig ist. Trotz der Fülle an Informationen kann dieser Rat-

geber keinen Anspruch auf Vollständigkeit erheben und spiegelt meine persönlichen Praxiserfahrungen wider. Bitte denken Sie wie bei jeder anderen Medikation daran, im Sinne der Fürsorge für unsere vierbeinigen Freunde, die Grenzen der Homöopathie zu respektieren. Schwere Erkrankungen und Notfälle gehören in die Hand eines erfahrenen Therapeuten. Bei vielen leichteren Beschwerden, seelischen Problemen oder chronischen Erkrankungen unserer Haustiere können homöopathische Mittel jedoch sehr viel bewirken und eine echte Alternative zu Cortison, Antibiotika & Co. sein.

Bedanken möchte ich mich abschließend bei der Wissenschaftlichen Verlagsgesellschaft Stuttgart für die Realisierung des Projekts und die freundliche Unterstützung.

Ich wünsche Ihnen viel Freude und Erfolg mit diesem Leitfaden für die homöopathische Therapie von Hunde- und Katzenkrankheiten. Lernen auch Sie die Vorteile dieses ganzheitlichen Heilverfahrens, dieser kraftvollen Medizin kennen.

Walddorfhäslach, im Herbst 2022 Daniela Birkelbach

Inhaltsverzeichnis

TEIL 3 HOMÖOPATHISCHE ARZNEIMITTELBILDER

Teil 1
Einführung

Homöopathie bei Hunden und Katzen

Homöopathie und Schulmedizin

Homöopathie und Schulmedizin verfolgen verschiedene Ziele. Die Schulmedizin will eine einzelne Krankheit oder mehrere bestehende Krankheiten behandeln und ganz spezifische Symptome lindern, während die Homöopathie den Patienten in seiner Gesamtheit – Körper, Geist und Seele – betrachtet und durch Anregung der Selbstheilungskräfte das gestörte innere Gleichgewicht und daraus resultierende Gesundheitsstörungen behandeln möchte. Homöopathie und Schulmedizin wirken also auf unterschiedlicher Ebene und können daher miteinander kombiniert werden, auch wenn sich nach wie vor vereinzelt sowohl Schulmediziner als auch klassische Homöopathen ablehnend über eine solche systematische Kooperation äußern.

Die Voraussetzung für den Erfolg einer homöopathischen Behandlung ist, dass der Organismus auf den homöopathischen Arzneireiz auch reagieren kann, sodass die Selbstheilungskräfte in Gang gesetzt werden können. Schulmedizinische Arzneimittel wie Cortison, aber auch ätherische Öle wie Kampfer und Minze, können die Reaktionsfähigkeit des Körpers und so auch die Wirkung der homöopathischen Arznei abschwächen. Dennoch hat sich in der täglichen Praxis gezeigt, dass eine erfolgreiche Kombination von schulmedizinischen Arzneimitteln und Homöopathika möglich ist. Aufgrund der unterschiedlichen Wirkungsweise sind Neben- oder Wechselwirkungen zwischen beiden Therapiearten nicht zu erwarten. Daher ist grundsätzlich eine Kombination beider Heilverfahren möglich – auch wenn es, strenggenommen, dem Prinzip der klassischen Homöopathie widerspricht.

> **Beispiel**
> Aufgrund einer schweren bakteriellen Infektion der Atemwege benötigt ein Vierbeiner eine einwöchige Antibiotikatherapie. Zur Stabilisierung des körpereigenen Immunsystems empfiehlt sich eine Add-on-Therapie mit dem homöopathischen Mittel Echinacea D1. Damit Hund oder Katze das Antibiotikum besser vertragen und nicht mit Durchfall reagieren, erhält das Tier nach der letzten Antibiotikagabe 5 Tage lang Nux vomica D12, 2-mal täglich 5 Globuli.

Bei anderen Erkrankungen gilt es, zwischen Schulmedizin und Homöopathie zu entscheiden.

> **Beispiel**
> Ein älterer Hund leidet unter arthrotischen Schmerzen an Wirbelsäule und Hüfte. Schulmedizinisch empfiehlt sich ein Schmerzmittel aus der Gruppe der nichtsteroidalen Antiphlogistika (NSAR) wie Rimadyl®, Metacam® oder Onsior®. Aufgrund möglicher Nebenwirkungen dieser Wirkstoffe auf Magen, Darm, Leber und Niere kann alternativ eine homöopathische Behandlung der Schmerzen, z. B. mit Harpagophytum, Hekla lava und Rhus toxicodendron erfolgen.

Homöopathische Mittel bei akuten Erkrankungen?

Homöopathische Einzelmittel können bei Hunden und Katzen auch bei akuten Erkrankungen mit Erfolg angewendet werden. Oft kann schon die Causa auf das passende Akutmittel hinweisen. Der Unterschied im Einsatz eines solchen Akutmittels im Vergleich zu einem chronischen Mittel bei bereits länger bestehenden Erkrankungen (siehe unten) liegt in der Häufigkeit der Mittelgabe, in der Dauer bis zum Wirkungseintritt, in der Regel auch in der Potenz des homöopathischen Mittels und gelegentlich in der Art der Verabreichung, z. B. in Form einer Wasserauflösung. Hierzu werden 5 Globuli des homöopathischen Mittels in der Potenz C30 oder C200 in Wasser aufgelöst, vor jedem Gebrauch umgerührt und dem tierischen Patienten mehrmals in Abständen von 30 Minuten eine kleine Menge der Flüssigkeit verabreicht.

Beispiel

Eine Katze ist von einer Wespe gestochen worden. Es kommt zu einer roten, ödematösen Schwellung an der Stichstelle und zu starken Schmerzen, die der Tierhalter an der extremen Unruhe seines Tieres bemerkt. Als homöopathische Behandlung empfiehlt sich eine sofortige Wasserauflösung mit Apis mellifica C30.

Wichtig

Bei einer akuten Erkrankung wird das homöopathische Mittel bei Eintritt der Besserung reduziert und bei abgeklungenen Symptomen komplett abgesetzt. Im Fall der von einer Wespe gestochenen Katze gilt: Wenn sich die Symptome gebessert haben, wird Apis mellifica als Wasserauflösung nur noch 3-mal täglich verabreicht und dann weggelassen.

Akutmittel und chronische Mittel

Homöopathische Akutmittel

Bei einem Akutmittel hat sich neben der Wasserauflösung auch die sogenannte Stoßtherapie bewährt: der tierische Patient erhält mehrmals hintereinander im Abstand von 15–30 Minuten eine Gabe des homöopathischen Mittels. Bei Besserung der Beschwerden verringert sich die Verabreichungsfrequenz beispielsweise auf eine Gabe alle paar Stunden. Falls die Beschwerden nicht bereits komplett abgeklungen sind, erhält der Vierbeiner ab dem zweiten oder dritten Tag das Mittel 2–3-mal täglich, bis zum Abklingen der Symptome. Dann wird das Mittel komplett abgesetzt.

Beispiel

Ein Hund hat beim Spaziergang einige faulige Äpfel gefressen und leidet unter akutem, übelriechendem Durchfall mit Appetitlosigkeit und leichter Schwäche. Hier werden 5 Globuli des passenden homöopathischen Einzelmittels – des sogenannten „Similes" – Arsenicum album in der Potenz D6 alle 15–30 Minuten bis zur Besserung der Beschwerden gegeben.

Dauer der Anwendung und Frequenz der Mittelgabe müssen sich individuell an der Schwere der Symptome orientieren. Es gibt keine allgemeingültige Regel hinsichtlich Dosierung, Verabreichung und Therapiedauer. Sollten sich unter der Akutbehandlung mit einem homöopathischen Einzelmittel die Leitsymptome ändern, ist die Arzneimittelwahl zu überprüfen. Eventuell ist ein besser passendes Folgemittel einzusetzen.

Beispiel

Ein Vierbeiner leidet unter hochakutem Fieber mit starker Unruhe und Durst, ohne dass weitere Symptome einer Infektion zu beobachten sind. Das passende Akutmittel ist Aconitum C30 als Wasserauflösung. Das Fieber geht etwas zurück, aber es manifestieren sich Symptome einer akuten Bronchitis mit lautem, bellendem Husten, trockenen Schleimhäuten, Würgen, Niesen und Atembeschwerden. Jetzt erhält der Vierbeiner als Folgemittel eine Dosis Belladonna C30 als Wasserauflösung.

Homöopathische Langzeitmittel (chronische Mittel)

Bei chronischen Erkrankungen, die über längere Zeit schulmedizinisch vorbehandelt wurden oder bei Krankheitsursachen, die lange zurückliegen, beispielsweise ein älteres traumatisches Erlebnis, das zu Verhaltensproblemen führt, wird das jeweilige homöopathische Simile 1–2-mal täglich in einer mittleren Potenz wie D12 über einen längeren Zeitraum verabreicht. Alternativ können auch Einmalgaben einer Potenz C30 gegeben werden und man lässt das homöopathische Mittel über einen Zeitraum von 2–3 Wochen auswirken. Allerdings benötigt der Tierhalter für diese Art der homöopathischen Therapie Erfahrung und muss sowohl das Arzneimittelbild des Mittels (▸ Homöopathische Arzneimittelbilder) gut kennen als auch die Reaktionen seines Vierbeiners richtig einschätzen können.

Beispiel

Eine Katze wurde misshandelt und leidet seitdem unter einem schweren Trauma. Sie ist sehr scheu, wenig umgänglich, zeigt Angst-Aggression gegen ihren Besitzer und neigt zu Unsauberkeit. Die Symptomatik passt zu dem homöopathischen Konstitutionsmittel Natrium chloratum. Bei genauer Kenntnis des Arzneimittelbilds kann der Tierhalter 5 Globuli Natrium chloratum C30 geben und die Reaktionen seiner Katze auf das Mittel in Ruhe beobachten. Eventuell ist eine Folgedosis nötig. Bei Homöopathie-Neulingen empfiehlt sich hingegen die tägliche Gabe von Natrium chloratum D12.

Die Dauer der Behandlung mit einem homöopathischen Langzeitmittel richtet sich nach der Erkrankung, der Schwere der Symptomatik und der Reaktionsfähigkeit des Patienten. Auch hier gibt es keine allgemeingültige Regel. Bei einer homöopathischen Behandlung über Wochen oder Monate mit demselben Mittel empfiehlt sich entweder der Wechsel auf eine höhere Potenz oder eine Therapiepause, um die Reaktionsfähigkeit wieder anzuregen. Möglich ist beispielsweise eine Pause am Wochenende oder eine einwöchige Pause nach 3 Wochen Therapie. Zudem kann auch im Laufe der Behandlung einer chronischen Erkrankung ein Mittelwechsel nötig sein.

Beispiel

Ein Hund leidet bereits seit Jahren an einer allergischen Hauterkrankung, kombiniert mit einer chronischen Ohrenentzündung. Die Vorbehandlung bestand aus Cortison gegen den allergischen Juckreiz und einer lokalen Behandlung einer Kombination aus Antimykotikum und Antibiotikum gegen die Ohrenentzündung. Die homöopathische Behandlung eines solchen Krankheitsbildes benötigt Zeit und den Einsatz mehrerer homöopathischer Mittel in Folge. Vor dem Konstitutionsmittel, beispielsweise Graphites D12 oder C30, kann eine Behandlung mit Sulfur D12 nötig sein. Sulfur passt nicht nur zu Hauterkrankungen und Ohrenentzündungen, die durch Cortison und Antibiotika unterdrückt wurden, sondern hilft auch, die Leber zu entgiften und den Stoffwechsel anzuregen. Das Mittel ist oft nützlich am Anfang einer Behandlung chronischer Fälle oder als Reaktions-, Zwischen- oder Aufklärungsmittel zum Anregen der Selbstheilungskräfte.

Wichtig

Ein homöopathisches Mittel kann sowohl als Akutmittel, als auch als chronisches Mittel angewendet werden. Pulsatilla pratensis D6 hilft beispielsweise bei akutem Schnupfen oder einer akut eitrigen Bindehautentzündung, wenn die Leitsymptome Entzündungen mit reichlich dicken, gelbgrünen, milden Ausscheidungen passen. Als chronisches Mittel passt es zu weiblichen Tieren mit einem Bezug zum Hormonsystem. Einsatzgebiete sind dann eine unregelmäßige Läufigkeit bzw. Rolligkeit, Neigung zu Scheinträchtigkeit, Blasen- oder Scheidenentzündung, hormonell bedingte Hautbeschwerden oder Ängste und ausgeprägte Stimmungsschwankungen.

Dosierung und Verabreichung bei Hunden und Katzen

Homöopathische Einzelmittel werden als Globuli, Tabletten, Dilutionen oder Ampullen angeboten. Homöopathische Dilutionen enthalten Alkohol und sollten bei Hunden und Katzen nicht verwendet werden. Üblicherweise werden Globuli verwendet.

Wichtig

Bei pflanzlichen oder chemischen Arzneimitteln ist die exakte Dosierung entscheidend, da für den Therapieerfolg eine Wirkstoffkonzentration erreicht werden muss. In der Homöopathie ist hinsichtlich der Menge an homöopathischem Mittel keine Unterscheidung in kleine und große Tiere notwendig, da es sich um eine Regulationstherapie handelt und kein Wirkstoff, sondern eine energetische Information zum Einsatz kommt. Homöopathische Arzneimittel haben daher kein Dosis-Wirkungs-Verhältnis. Für den Therapierfolg ist es nicht entscheidend, ob das Haustier 2, 3 oder 5 Globuli bekommt. Dennoch hat es sich in der täglichen Praxis eingebürgert, bei Hunden und Katzen als Einzeldosis 5 Globuli zu verwenden.

Bekanntermaßen wirken homöopathische Mittel durch Resorption über die Mund- bzw. Maulschleimhaut. Daher sollte auch bei Tieren die Verabreichung so gewählt werden, dass ein direkter Kontakt zu den Schleimhäuten gewährleistet ist. Als wirkungsvollste Anwendung gilt die direkte Gabe auf die Zunge oder hinter die Lefze – am besten mithilfe eines speziellen Kunststoffkegels bzw. Globulibehälter. Die meisten Hunde und sicherlich auch einige Katzen werden sich diese direkte Verabreichung gefallen lassen. Bei sensiblen Haustieren und den meisten Katzen führt die Gabe über das Maul – besonders bei längerer Anwendung – zu Stress oder ist von vorneherein unmöglich. Alternativ können Globuli mit etwas Naturjoghurt, Quark, Katzenmilch oder ähnlichem vermengt und als Extraportion im zeitlichen Abstand zur Fütterung angeboten werden. Bei Hunden können die Globuli auch in einem Stück Käse, Wurst oder Banane, bei Katzen in etwas Malz- oder Leckerlipaste versteckt werden. Bei beiden Tierarten können die Globuli zudem in etwas Wasser aufgelöst und mit einer kleinen Menge Futter verabreicht werden oder – noch besser – zum Ablecken auf die Pfoten geträufelt werden.

Homöopathische Mittel als Tablette oder Ampulle

Allerdings gibt es einige homöopathische Arzneien, die insbesondere in tiefer Potenz nur in Tablettenform erhältlich sind. Bei Hunden kann eine direkte Verabreichung einer halben oder ganzen Tablette versucht werden. Sollte dies stressfrei nicht möglich sein, können die Tabletten auch fein zerrieben, also gemörsert, werden. Bei Katzen ist diese Handhabung von vorneherein zu empfehlen. Das Pulver kann nach der Verreibung wie bei den Globuli beschrieben verabreicht werden.
Homöopathische Mittel werden auch in Ampullenform angeboten. Nicht jeder Tierbesitzer traut sich zu, seinem Haustier eine subkutane oder intramuskuläre Injektion zu verabreichen. Auch wenn der Hersteller nicht explizit darauf hinweist, können Ampullen alternativ oral angewendet werden. Dazu sollte der Tierhalter den gesamten Inhalt der Ampulle mit einer Spritze aufziehen und anschließend die Nadel entfernen, um Verletzungen zu vermeiden. Die Tagesdosis wird dem Haustier mit der Spritze entweder direkt ins Maul oder ins Trinkwasser gegeben. Alternativ kann die Flüssigkeit mit etwas Naturjoghurt, Quark etc. oder in einer kleinen Menge Nassfutter verabreicht werden.

Verschreibungspflicht beachten

In der Regel fallen homöopathische Arzneimittel lediglich unter die Apotheken- und nicht unter die Verschreibungspflicht. Tiefe Potenzen – Tabletten und Liquida bis einschließlich D3, Globuli bis einschließlich D1 – einiger Wirkstoffe sind allerdings verschreibungspflichtig. Auch gängige homöopathische Mittel wie beispielsweise Aconitum, Belladonna, Cantharis, Nux vomica oder Pulsatilla gehören dazu. Verschreibungspflichtige Homöopathika dürfen nur nach tierärztlicher Verschreibung in der Apotheke gekauft werden.

Wichtig

Um die Wirksamkeit nicht zu beeinträchtigen, sollten homöopathische Mittel nicht angefasst werden – daher die oben erwähnten Kunststoffkegel – und nicht mit Metall in Berührung kommen. Falls eine direkte Verabreichung nicht möglich ist, sollten die Tierhalter statt eines Blechnapfes besser Plastik- oder Kunststoffschüsseln verwenden. Zum Umrühren der aufgelösten Globuli oder Tabletten in Wasser, Joghurt oder ähnlichem ist ein Plastiklöffel zu empfehlen.

Erstverschlimmerung und Arzneimittelreaktionen

Homöopathische Mittel zeigen keine Nebenwirkungen im klassischen Sinne wie ein schulmedizinisches Arzneimittel. Allerdings kann es bei sehr empfindlich reagierenden Tieren, einer schlecht gewählten Potenz oder zu häufigen Wiederholungen am Beginn der Behandlung zu einer Erstverschlimmerung bzw. Erstreaktion kommen.

Es wird häufig argumentiert, dass eine Erstverschlimmerung eigentlich keine Verschlimmerung ist, sondern als Zeichen der richtigen Mittelwahl zu sehen ist. Grundsätzlich stimmt das, da homöopathische Mittel, die nicht zum Krankheitsbild des Patienten passen, auch keine Erstreaktion zeigen. Zudem klingt eine Erstreaktion nach Absetzen des Mittels schnell wieder ab. Dennoch sollte angestrebt werden, die homöopathische Potenz und die Häufigkeit der Wiederholungen so zu wählen, dass diese zum Krankheitsbild passen.

Erstwirkung und Nachwirkung

Um diesen Aspekt besser zu verstehen, gilt es zwischen Erstwirkung und Nachwirkung zu unterscheiden. Erstwirkung ist die Auswirkung eines äußeren Reizes auf den Organismus, also der Reiz des homöopathischen Mittels. Nachwirkung ist die Reaktion, die der Organismus mit seiner Lebenskraft diesem homöopathischen Reiz entgegensetzt, um wieder einen ausgewogenen Zustand herzustellen. Das Ziel einer homöopathischen Behandlung ist daher, die Erstwirkung so fein und sanft zu setzen, dass die Nachwirkung nicht in das andere Extrem umschlägt, sondern zu einer sanften Heilung führt.

Erwünschte und unerwünschte Erstverschlimmerung

Um noch weiter ins Detail zu gehen, muss zwischen einer „erwünschten“ und „unerwünschten“ Erstverschlimmerung unterschieden werden. Die echte und erwünschte homöopathische Erstverschlimmerung bedeutet eine kurzfristige Verstärkung der Krankheitssymptome, während sich das Allgemeinbefinden bereits bessert. Eine unerwünschte Erstverschlimmerung verschlechtert das Allgemeinbefinden und schwächt somit die Selbstheilungskräfte.

Wichtig

Bei chronischen Erkrankungen ist eine homöopathische Erstverschlimmerung aus Sicht der klassischen Arzneimittellehre der Homöopathie nicht erwünscht. Wenn sich die Symptome einer chronischen Krankheit nach einer homöopathischen Mittelgabe verschlimmern, dann war entweder die Gabe zu groß oder wurde in einer zu großen Menge gegeben. Es ist in diesem Fall zu einer Arzneimittelreaktion gekommen, das heißt der Patient macht Symptome des Arzneimittelbilds des homöopathischen Mittels durch, anstatt mit einer Nachwirkung zu reagieren. Bei sehr empfindlichen Patienten und einer zu häufigen Gabe des homöopathischen Mittels kann eine solche Arzneimittelreaktion über eine lange Zeit laufen. Mit der Homöopathie wenig erfahrene Tierhalter werden es dann schwer haben, die auftauchenden Symptome richtig zuzuordnen. Daher werden in diesem Buch in der Regel Potenzen bis einschließlich D12 und als Grenze Einzelgaben einer C30 empfohlen. C200- oder C1000-Potenzen und LM- bzw. Q-Potenzen gehören ausschließlich in die Hand eines erfahrenen Homöopathen.

Achtung Notfall

Notfälle wie beispielsweise schwere Verletzungen, Unfälle, Schock oder eine akute, starke Vergiftung, z. B. mit Rattengift, sind grundsätzlich keine Indikationen für eine Selbstmedikation durch den Tierhalter. Die

Notfallversorgung muss schnellstens in der nächsten Tierarztpraxis oder Tierklinik erfolgen, da dort sämtliche Behandlungsmöglichkeiten wie Operation, Infusionen, Magenspülung etc. direkt vor Ort durchgeführt werden können. Dieser Leitsatz gilt auch für mich als Tierheilpraktikerin. Schwere Notfälle behandele ich nur begleitend, z. B. mit Aconitum oder Arnica bei einem Unfall mit Schock oder Carbo vegetabilis als Begleit- und Folgeerkrankung einer akuten Magendrehung des Hundes.

Grenzen der Naturheilkunde akzeptieren

Neben dem korrekten Verhalten im Notfall muss zudem ein weiterer äußerst wichtiger Grundsatz beachtet werden: die Grenzen der Naturheilkunde akzeptieren. Das gilt auch in der Tierhomöopathie und insbesondere in der Behandlung akuter Erkrankungen. Wenn sich die Beschwerden des Haustiers innerhalb von einigen Stunden bis maximal zwei Tagen – je nach Schwere der Symptomatik – nicht bessern, sollte der vierbeinige Patient einem Tierarzt oder Tierheilpraktiker vorgestellt werden.

Bei welchen Symptomen sind weitere Untersuchungen nötig?

- Das Fieber steigt auf über 39,5° trotz einer homöopathischen Fiebertherapie.
- Der Vierbeiner verweigert seit mehr als 24 Stunden jegliches Futter und Wasser.
- Das Haustier ist völlig apathisch und reagiert auf keinerlei Ansprache oder es ist sehr unruhig, aggressiv durch Schmerzen oder leidet unter starken Krämpfen.
- Die Maulschleimhaut ist weiß (Verdacht auf Anämie oder akutes Nierenversagen) oder rot-bläulich (Verdacht auf eine Herz-Kreislauf-Erkrankung).
- Häufiges und immer stärker werdendes Erbrechen, ohne dass Stuhl abgesetzt wird und Verdacht auf einen Darmverschluss vorliegt.
- Unruhe, Hecheln, Erbrechen, der Bauch wird in kürzester Zeit immer dicker. Es besteht der Verdacht auf eine Magendrehung des Hundes.
- Stärkste Schmerzen mit Aufjaulen und Schreien oder akute Lähmung von Rücken und Hinterläufen mit passivem Urin- und Kotverlust treten auf. Es besteht der Verdacht auf einen akuten Bandscheibenvorfall.

Wichtig
Bitte denken Sie auch daran, dass es Erkrankungen gibt, die langfristig ohne eine Behandlung der Ursache nicht zu heilen sind. Bei Zahnfleisch- und Maulschleimhautentzündungen beispielsweise, die aufgrund von Zahnstein entstanden sind, muss dieser selbstverständlich manuell oder operativ entfernt werden. Ansonsten kann eine homöopathische Behandlung der Entzündungen im Maulbereich, z. B. mit Mercurius solubilis, Calendula oder Kreosotum nicht erfolgreich sein.
Das gilt auch für andere Erkrankungen, beispielsweise für Zahnfleisch- und Maulschleimhautentzündungen aufgrund einer chronischen Niereninsuffizienz, Magen-Darm-Störungen aufgrund einer Schilddrüsenerkrankung oder chronisch-rezidivierende Blasenentzündungen aufgrund von Harngrieß oder Harnsteinen.

Was tun bei Herzerkrankungen?

In diesem Buch gehe ich auf die Möglichkeit einer homöopathischen Behandlung des Altersherzens mit Crataegus ein (▸ Homöopathische Arzneimittelbilder). Es gibt auch noch andere herzwirksame Homöopathika wie Digitalis, Laurocerasus, Naja, Cactus oder Spigelia. Dennoch finden diese Mittel keine Erwähnung. Woran liegt das?
Weitere Herzerkrankungen, z. B. verschiedene Formen von Herzklappenfehlern, die häufig auftretende hypertrophe Kardiomyopathie der Katze oder die dilatative Kardiomyopathie des Hundes, erfordern vor der homöopathischen oder pflanzlichen, bzw. schulmedizinischen Therapie eine fundierte Diagnose.
Herzklappenfehler können nicht nur erworben, sondern auch angeboren sein und daher bereits junge Tiere betreffen. Es besteht das Risiko eines Lungenödems, es kann zu einem Herzbeutel- bzw. Perikarderguss kommen, der wiederum auch Folge eines Tumors am Herzen sein kann. Herzerkrankungen treten als Begleit- und Folgesymptom einer Niereninsuffizienz oder einer Schilddrüsenüberfunktion auf. Auch kann sich aus einer kompensierten Herzmuskelerkrankung, bei der sich der Herzmuskel verdickt und das Herz vergrößert, um die Herzleistung weiter aufrecht zu erhalten, eine dekompensierte Herzmuskelerkrankung ent-

wickeln. Hier kann sich das Herz nicht weiter anpassen und daher seine Pumpleistung nicht mehr ausreichend erbringen.
Allein diese wenigen Beispiele verdeutlichen, dass eine homöopathische Behandlung nur in Absprache mit dem behandelnden Therapeuten erfolgen sollte. Zudem ist zu berücksichtigen, dass im Gegensatz zu uns Menschen die Haustiere ihre teils subjektiven Herzbeschwerden nicht beschreiben können und der Labor- und apparativen Diagnostik daher ein größerer Stellenwert zukommt.

Hinweise zum Buchaufbau

In Teil 2 – **Indikationen von A bis Z** – werden die gängigsten Erkrankungen bei Hunden und Katzen alphabetisch aufgeführt und kurz beschrieben, deren Ursache und die typischen Symptome zusammengefasst und die für die jeweilige Indikation wichtigsten homöopathischen Einzelmittel – inklusive Potenz- und Dosierungsempfehlung – zusammengestellt.
Die Auswahl der homöopathischen Einzelmittel erfolgt über verschiedene diagnostische Kriterien, die bei jedem Mittel angegebenen sind, und zwar:

- **Causa/Lokalisation** nennen Ursache bzw. Auslöser der Erkrankung als „Folge von" sowie das in der Regel erkrankte Organ.
- **Leitsymptome** sind die für das jeweilige homöopathische Einzelmittel charakteristischen Symptome.
- Unter dem Begriff **Modalitäten** wird erklärt, unter welchen Bedingungen sich die zu behandelnden Beschwerden und das Allgemeinbefinden des Patienten verschlimmern (↓) bzw. bessern (↑).
- Unter **Dosierung** werden die in meiner Praxis bewährten Tagesdosen des jeweiligen Mittels genannt. Je nach Erfahrung des Anwenders können auch andere Potenzen und Dosierungsintervalle zum Einsatz kommen.

In Teil 3 – **Homöopathische Arzneimittelbilder** – werden die in meiner Praxis bewährtesten homöopathischen Arzneimittel für Hunde und Katzen alphabetisch aufgelistet. So erhält der Leser ergänzende Informationen zu den genannten homöopathischen Einzelmitteln, um das gesamte Arzneimittelbild kennenzulernen.

Neben der Causa bzw. Lokalisation, den allgemeinen Wirkungen, den Leitsymptomen und Modalitäten wird insbesondere auf die bewährten Indikationen des Mittels eingegangen. In diesem Abschnitt erhält der Leser zum Teil auch Informationen zu weiteren, nicht in Teil 1 aufgeführten Anwendungsmöglichkeiten der einzelnen homöopathischen Mittel, die ihm die Anwendungsbreite dieser Arzneimittel vor Augen führen.

Wichtig

Am Schluss jedes Arzneimittelbilds steht eine Empfehlung für die zu verwendende Potenz und ein zusätzlicher Tipp für die Anwendung des Mittels. Die vorgeschlagenen Potenzen haben sich aus meiner **Praxiserfahrung** entwickelt und stellen keine allgemeingültige Regel dar.

Wenn nichts anderes angegeben ist, gelten die Informationen zu den in Teil 2 aufgeführten Indikationen gleichermaßen für Hund und Katze.

Teil 2
Indikationen von A bis Z

Aggressives Verhalten

Beschreibung der Erkrankung und mögliche Ursachen

Aggressives Verhalten bei Hunden und Katzen kann vielfältige Ursachen haben. Möglich sind organische Beschwerden wie beispielsweise eine Schilddrüsenüberfunktion oder Schmerzen, Erziehungsfehler und falsche Haltung der Tiere, fehlende Sozialisierung in der Welpenphase oder auch erlerntes Verhalten. Das aggressive Verhalten kann sich gegen Menschen oder Artgenossen richten oder mit Angst oder Eifersucht verknüpft sein.

Symptome

- Drohgebärden wie Zähnefletschen oder Knurren
- aggressive Körperhaltung
- Neigung zum Beißen
- Dominanz gegenüber dem Tierhalter und Artgenossen bzw. anderen Tieren
- Ungehorsamkeit
- Unruhe
- Zerstörungswut
- Hyperästhesie der Sinne (Licht, Geräusche, Berührung, Schmerzen)

Wichtig

Wenn sich das aggressive Verhalten durch die homöopathische Therapie nicht bessert, sind weitere Untersuchungen und die Hilfe eines Therapeuten mit Erfahrung in Verhaltenstherapie zu empfehlen.

Therapie

▸▸ Agnus castus D6 (Mönchspfeffer)

Causa/Lokalisation

- aggressives Verhalten als Folge von hormonellen Störungen

Leitsymptome

- Hormonstörungen
- starker Geschlechtstrieb
- Dominanz und aggressives Verhalten bei männlichen, nicht kastrierten Tieren

Modalitäten

↓ Kälte, Nässe, Druck, Berührung
↑ Wärme, frische Luft

Dosierung

2-mal täglich 5 Globuli

▸▸ Aurum metallicum D12 (Gold)

Causa/Lokalisation

- aggressives Verhalten als Folge von seelischen Belastungen oder Widerstand

Leitsymptome

- Aggressivität gegen bestimmte Tiere oder Menschen gerichtet
- dominantes und aggressives Verhalten
- aktives und hektisches Verhalten
- temperamentvolle Tiere
- Tiere versuchen, ihren Willen durchzusetzen

Modalitäten

↓ Kälte, Widerstand, nachts
↑ Wärme, Bewegung an frischer Luft

Dosierung

2-mal täglich 5 Globuli

▸▸ Natrium chloratum C30 (Kochsalz)

Causa/Lokalisation

- aggressives Verhalten als Folge von Verhaltensproblemen durch ein lang zurückliegendes Trauma

Leitsymptome

- Angst-Aggression bei Annäherung: lässt sich streicheln und knurrt, faucht oder beißt ohne Warnung
- aggressives Verhalten gegenüber Artgenossen, weniger gegenüber Menschen
- Tiere sind abweisend, nachtragend und wollen in Ruhe gelassen werden

Modalitäten

↓ Kälte, Nässe, Druck, Berührung
↑ Wärme, frische Luft

Dosierung

Einzelgaben im 2–3-wöchigen Abstand

▸▸ Nux vomica C30 (Brechnuss)

Causa/Lokalisation

- aggressives Verhalten als Folge von Stress, Traumata, emotionaler Überforderung und körperlicher bzw. seelischer Anspannung
- Angst-Aggression oder Aggression durch plötzliche unerwartete Geräusche, Berührungen, Licht oder Festhalten: Hyperästhesie der Sinnesreize

Leitsymptome

- Reizbarkeit, Streitsucht und Dominanz, vor allem, wenn die Tiere zu wenig Beschäftigung und Bewegung bekommen und nicht artgerecht gehalten werden, z. B. bei Zwingerhaltung, zu wenig Auslauf oder sozialer Isolation
- Tiere sind reizbar, gestresst, nervös und angespannt
- Angst-Aggression
- Eifersucht

Modalitäten

↓ frühmorgens zwischen 3 und 4 Uhr, Kälte und Wind, Lärm, Berührung, Überanstrengung
↑ abends, Wärme, Ruhe

Dosierung

Einzelgaben im 2–3-wöchigen Abstand

Allergie der Atemwege

Beschreibung der Erkrankung und mögliche Ursachen

Allergische Erkrankungen treten als Folge einer überschießenden Reaktion des körpereigenen Immunsystems auf. Neben Hautbeschwerden (▸ Ekzeme) kann es bei Hunden und Katzen auch zu allergischen Reaktionen der Atemwege kommen.

Symptome

- Tränenfluss
- geschwollene Augenlider
- Niesen
- Schnupfen, Nasensekret
- allergisches Asthma mit Husten und Atembeschwerden

Wichtig

Die beiden Hauptmittel Allium cepa und Euphrasia sind anhand ihrer unterschiedlichen Leitsymptome gut zu unterscheiden. Bei Allergien der Atemwege empfiehlt sich die Anwendung sofort bei den ersten Beschwerden und als Dauertherapie.

Der Übergang vom allergischen Schnupfen zu allergischem Asthma wird als Etagenwechsel bezeichnet. Die Symptome verlagern sich von den oberen in die unteren Atemwege wie der Lunge. Bei allergischem Asthma haben sich neben dem nachfolgend erwähnten Acidum formicicum auch die homöopathischen Mittel Ammi visnaga D4, Grindelia robusta D4 und Aralia racemosa D4 bewährt.

Ammi visnaga gilt als Basismittel mit antiallergischer Wirkung bei Asthmabeschwerden. Grindelia wird bei allergischem Asthma mit schwer löslichem Schleim, abdominaler Atmung und einer Verschlechterung durch Nässe, Überanstrengung, nachts und im Liegen eingesetzt. Im homöopathischen Arzneimittelbild von Aralia wird die Stauballergie mit trockenem, krampfartigem, anfallsartigem Husten und einer Verschlimmerung nachts im Liegen und durch Kälte beschrieben.

Therapie

▸▸ Acidum formicicum D12 (Ameisensäure)

Causa/Lokalisation

- Allergie der Atemwege: Schnupfen, Bindehautentzündung und Asthma
- Atembeschwerden im Wechsel mit Hautausschlägen
- Einsatz als Umstimmungsmittel

Leitsymptome

- Fließschnupfen
- juckende und tränende Augen
- Hustenanfälle und Atemnot
- trockene und nässende Ekzeme mit Juckreiz
- urtikarielle Exantheme

Modalitäten

↓ Kälte, Nässe, Bewegung
↑ Wärme, Druck, Ruhe

Dosierung

2-mal täglich 5 Globuli

▸▸ Allium cepa D6 (Küchenzwiebel)

Causa/Lokalisation

- Allergie der Atemwege
- allergisch bedingte Bindehautentzündung (▸Bindehautentzündung; Konjunktivitis)

Leitsymptome

- Tränenfluss mild
- Augenlider rot und geschwollen
- Augen wie mit einem Film überzogen
- wässriges, scharfes Nasensekret, das Haut und Schleimhäute reizt

Modalitäten

↓ im Warmen, abends
↑ im Freien, Kälte, Bewegung

Dosierung
3-mal täglich 5 Globuli

▶▶ Euphrasia D6 (Augentrost)

Causa/Lokalisation
- Allergie der Atemwege
- allergisch bedingte Bindehautentzündung (▶ Bindehautentzündung; Konjunktivitis)

Leitsymptome
- Tränenfluss ist scharf und brennend
- juckende, gerötete und schleimig verklebte Augen
- Schwellung der Augenlider
- Lichtscheue
- milder Schnupfen

Modalitäten
↓ abends, helles Licht, Wind und Zugluft, im Haus
↑ Dunkelheit, frische Luft

Dosierung
3-mal täglich 5 Globuli

Altersherz

Beschreibung der Erkrankung und mögliche Ursachen

Herzerkrankungen von Hunden und Katzen wie dekompensierte Herzinsuffizienz, Herzklappenfehler, Herzrhythmusstörungen oder Herzfehler gehören in die Hand eines erfahrenen Therapeuten und sollten nicht vom Tierhalter behandelt werden. Einzig beim Altersherz kann in Abstimmung mit Tierarzt oder Tierheilpraktiker eine begleitende homöopathische Behandlung durchgeführt werden.

Symptome

- Leitsymptome von Crataegus (▸ Homöopathische Arzneimittelbilder).

> **Wichtig**
>
> Crataegus ist ein Pflegemittel des Herzens und wird umgangssprachlich auch als „Baldrian des Herzens" bezeichnet. Es fördert die Durchblutung des Herzens und senkt einen erhöhten Blutdruck. Es wird in der Regel bei älteren Hunden und Katzen dauerhaft und in tiefer Potenz verabreicht.

Therapie

▸▸ Crataegus D1 (Weißdorn)

Causa/Lokalisation

- Herztonikum
- Altersherz und Herzschwäche
- hoher Blutdruck (Hypertonie) mit schwachem, unregelmäßigem Puls

Leitsymptome

- Schwäche und Nachlassen der Leistung
- Tiere sind müde, schlapp und schlafen viel
- Unruhe durch die Atemnot, vor allem nachts und im Liegen
- vermehrtes Hecheln
- Herzhusten

Modalitäten
↓ Wärme, Sommer, Anstrengung, Aufregung
↑ Kälte, frische Luft, Ruhe

Dosierung
3-mal täglich 5 Globuli

Altersmittel

Beschreibung der Erkrankung und mögliche Ursachen

Im Alter zeigen Hunde und Katzen verschiedene körperliche und seelische Beschwerden, die auf die nachlassende Leistung des Körpers hinweisen. Je nach Ursache und Symptomen kennt die Homöopathie unterschiedliche Mittel, die den Alterungsprozess der Vierbeiner begleiten und aufhalten können.

Symptome

- Müdigkeit, körperliche Schwäche
- „altes" und ungepflegtes Aussehen
- Appetitlosigkeit
- starker Durst (Nierenschwäche)
- Alterserkrankungen an Herz, Darm, Leber, Nieren, Blase etc.
- geistige Erschöpfung
- trübsinniges und depressives Verhalten

> **Wichtig**
> Wenn sich die Symptome durch die homöopathische Therapie nicht bessern, sind weitere Untersuchungen wie Blutuntersuchungen, Ultraschall, Röntgen etc. und die Hilfe eines erfahrenen Therapeuten zu empfehlen.

Therapie

▸▸ Arsenicum album D12 (weißer Arsenik)

Causa/Lokalisation

- Folge von Magen-Darm- oder Nierenerkrankungen

Leitsymptome

- Tiere sehen älter aus, als sie sind
- körperliche und geistige Erschöpfung

- Unruhe trotz der Erschöpfung
- Gewichtsverlust und Kachexie mit Ekel vor dem Fressen durch schwere Krankheit
- Tiere suchen Wärme
- Tiere sind durstig und trinken häufig kleine Mengen
- Haut und Haare fettig, schuppig

Modalitäten

↓ nachts, nach Mitternacht bis 3 Uhr, Kälte, Berührung, Ruhe
↑ Wärme, warme Umschläge

Dosierung

2-mal täglich 5 Globuli

▸▸ Crataegus D3 (Weißdorn)

Causa/Lokalisation

- Folge einer Herzschwäche
- Altersherz, Pflegemittel des Herzens

Leitsymptome

- Müdigkeit und Schwäche
- Schwindel
- Atemnot mit Unruhe und Hecheln
- Husten durch körperliche Anstrengung, im Liegen und in der Wärme
- Husten ist flach und röchelnd: Herzhusten

Modalitäten

↓ Wärme, Sommer, Anstrengung, Aufregung
↑ Kälte, frische Luft, Ruhe

Dosierung

3-mal täglich 5 Globuli

▸▸ Lycopodium D12 (Bärlapp)

Causa/Lokalisation

- Folge von Leber- und Nierenschwäche oder -erkrankung

Leitsymptome

- Fell ungepflegt, „altes“ Aussehen, unangenehmer Geruch
- magere und schwache Tiere, Neigung zu Verdauungs- und Lebererkrankungen
- geringe Futteraufnahme, Tiere gehen scheinbar hungrig zum Futternapf, fressen aber nur kleine Mengen
- Lebergegend ist berührungsempfindlich
- Übelkeit und Aufstoßen
- Verstopfung oder übelriechende, gelbbraune oder grüne dünne Stühle oder fester Stuhl zu Beginn, dann weich

Modalitäten

↓ Kälte, Nässe, Druck, Berührung
↑ Wärme, frische Luft

Dosierung

2-mal täglich 5 Globuli

▸▸ Sepia D12 (Tintenfisch)

Causa/Lokalisation

- Folge der hormonellen Umstellung bei älteren, weiblichen Tieren
- Folge von geistig-seelischer oder körperlicher Erschöpfung durch Überlastung

Leitsymptome

- Haut schlaff, Hängebauch, hängendes Gesäuge, schlaffe Zitzen
- Uterus schlaff und groß, hängt tief in das Abdomen
- Tiere sind erschöpft, trübsinnig, depressiv, reizbar und frostig
- Neigung zu chronischen Blasen-, Scheiden- und Gebärmutterentzündungen
- Hautbeschwerden durch Hormonmangel: Haarausfall, struppiges Fell, Juckreiz, trockene, schuppige Hautbeschwerden oder pustulöse, nässende, seborrhoisches Ekzeme, Dermatomykosen

Modalitäten

↓ vor und im Östrus, Kälte, Stress, Anstrengung
↑ Bewegung, im Freien, Wärme

Dosierung

2-mal täglich 5 Globuli

Angst

Beschreibung der Erkrankung und mögliche Ursachen

Angst kann sich durch verschiedene Aspekte zeigen. Tiere können unter Angst vor dem Alleinsein, vor Geräuschen wie Gewitter oder Feuerwerk, vor Unbekanntem oder unter einer generellen Angst leiden. Ursache können Traumata, mangelnde Sozialisierung oder schlechte Erfahrungen sein. Die Angst kann sich in Panikreaktionen, aber auch in ängstlich-nachgiebigem Verhalten durch mangelndes Selbstbewusstsein zeigen.

Symptome

- Nervosität, Schreckhaftigkeit und Unruhe
- Panik, Flucht und Verstecken
- Tiere zittern
- Angst, die zu aggressivem Verhalten führt: Angstbeißer
- Angst, die zu körperlichen Reaktionen wie Durchfall führt
- Hypersensibilität gegen äußere Reize wie Geräusche, Licht, Berührung

Wichtig

Wenn sich das Verhalten des Tieres durch die homöopathische Therapie nicht bessert, sind weitere Untersuchungen und die Hilfe eines erfahrenen Therapeuten nötig. Eventuell können pflanzliche Mittel und eine Verhaltenstherapie helfen.

Therapie

▶▶ Aconitum C30 (Blauer Eisenhut)

Causa/Lokalisation

- Folge von Schock, Schreck und Angst

Leitsymptome

- Ängste und Panikattacken nach plötzlichem Schreck oder durch lange zurückliegende Traumata
- ängstliche, unruhige und schreckhafte Tiere
- Todesangst mit Atemnot und Herzklopfen

Modalitäten

↓ abends, nachts, Wärme, Wind, Berührung, Liegen auf der schmerzhaften Seite

↑ morgens, frische Luft

Dosierung

Einzelgaben in 2–3-wöchigem Abstand

▸▸ Argentum nitricum D12 (Silbernitrat)

Causa/Lokalisation

- Furcht und Angst aufgrund übersteigerter Vorstellungskraft

Leitsymptome

- Lampenfieber und Erwartungsangst mit Reaktion auf den Verdauungstrakt
- Aufregungen führen zu nervösem Durchfall
- Angst vor Unbekanntem
- Tiere sind furchtsam, ängstlich und auf der Hut: Typ „scheues Reh"

Modalitäten

↓ nachts, Wärme, in engen Räumen, Erregung

↑ Kälte, im Freien, Druck

Dosierung

2-mal täglich 5 Globuli

▸▸ Arsenicum album D12 (weißer Arsenik)

Causa/Lokalisation

- Angst und Furcht aufgrund tiefsitzender Unsicherheit
- Einsatz als Konstitutionsmittel, wenn zum Typ des Tieres passend

Leitsymptome

- Angst mit Unruhe
- Panik
- Schreckhaftigkeit
- Angst vor dem Alleinsein
- Durchfall oder Erbrechen durch Angst
- Putzzwang und Leckekzem durch Angst

Modalitäten

↓ nachts, nach Mitternacht bis 3 Uhr, Kälte, Berührung, Ruhe
↑ Wärme, warme Umschläge

Dosierung

2-mal täglich 5 Globuli

▸▸ Gelsemium D12 (wilder oder gelber Jasmin)

Causa/Lokalisation

- Folge von Schreck oder Schock

Leitsymptome

- Angst und Phobie
- Aufregung, Schreck und Furcht verursacht zittrige Schwäche und Durchfall
- Tiere sind ängstlich-nervös, zittern und verlieren Urin vor Angst

Modalitäten

↓ Erregung, Stress, Bewegung, feuchtes Wetter, vor einem Gewitter
↑ frische Luft

Dosierung

2-mal täglich 5 Globuli

▸▸ Nux vomica C30 (Brechnuss)

Causa/Lokalisation

- Folge von Stress, Traumata, emotionaler Überforderung und körperlicher bzw. seelischer Anspannung
- Einsatz als Konstitutionsmittel, wenn zum Typ des Tieres passend

Leitsymptome

- Angst-Aggression
- Angst vor dem Alleinsein
- Hyperästhesie der Sinnesreize (Licht, Geräusche, Berührung, Schmerzen)

Modalitäten

↓ frühmorgens zwischen 3 und 4 Uhr, Kälte und Wind, Lärm, Berührung, Überanstrengung
↑ abends, Wärme, Ruhe

Dosierung

Einzelgaben im 2–3-wöchigen Abstand

▸▸ Phosphorus C30 (gelber Phosphor)

Causa/Lokalisation

- Angst als Folge von Stress, Überanstrengung und Aufregung
- Einsatz als Konstitutionsmittel, wenn zum Typ des Tieres passend

Leitsymptome

- Angst und Panikattacken, keine isolierten Phobien, sondern generelle Angst
- Geräusch-Phobien und stressbedingte Verhaltensstörungen
- Angst vor dem Alleinsein, reagiert mit Unsauberkeit
- Angst vor Untersuchung und Spritzen
- Angstbeißer
- Überempfindlichkeit gegen Geräusche und Licht

Modalitäten

↓ morgens und abends, Wetterwechsel, vor Gewitter, Anstrengung, Geräusche und Gerüche
↑ Ruhe, auch nur kurze Ruhephasen, Schlaf, nach dem Fressen, Zuwendung

Dosierung

Einzelgaben im 2–3-wöchigen Abstand

▸▸ Pulsatilla pratensis C30 (Wiesenküchenschelle)

Causa/Lokalisation

- Folge von Stress, Traumata, emotionaler Überforderung und körperlicher bzw. seelischer Anspannung
- Einsatz als Konstitutionsmittel, wenn zum Typ des Tieres passend

Leitsymptome

- Ängste aufgrund eines mangelnden Selbstbewusstseins
- Angst vor dem Alleinsein, Tiere reagieren mit Weinen, Unsauberkeit und Zerstörungswut
- Tiere sind mild, sanft, nachgiebig und anhänglich und neigen zu Stimmungsschwankungen
- unwillkürlicher Harnabgang aus Angst

Modalitäten

↓ abends, nachts, Wärme, Wetterwechsel, vor und während Läufigkeit, im Zimmer, Ruhe

↑ frische Luft und Kühle, Bewegung draußen

Dosierung

Einzelgaben im 2–3-wöchigen Abstand

Antibiose

Beschreibung der Erkrankung und mögliche Ursachen

Für eine geregelte Verdauung und Futterverwertung ist eine gesunde Darmflora – auch als Mikrobiom bezeichnet – wichtige Voraussetzung. Zudem hat die Darmflora positiven Einfluss auf die Immunabwehr und den Leberstoffwechsel. Außerdem ist sie ein Baustein in der Prävention und Behandlung von Allergien, Futtermittelunverträglichkeiten oder chronisch-entzündlichen Darmerkrankungen wie der IBD (inflammatory bowel disease). Bekanntermaßen wirken Antibiotika nicht nur auf die krankheitsfördernden Bakterien, sondern auch auf die physiologische Darmflora. Daher empfiehlt es sich, nach einer Antibiose der Darmflora bei ihrer Regeneration zu helfen.

Symptome

- Durchfall und andere Verdauungsstörungen
- Hautbeschwerden mit Juckreiz, trockener, schuppiger Haut und Ekzemen

> **Wichtig**
> Nach wiederholten Antibiotikabehandlungen empfiehlt sich ergänzend zur homöopathischen Behandlung eine Darmsanierung mit Futterzusätzen in Form von Probiotika und Präbiotika.

Therapie

▶▶ Nux vomica D12 (Brechnuss)

Causa/Lokalisation

- Durchfall und Verdauungsstörungen nach Antibiose

Leitsymptome

- Durchfall mit Erbrechen und Kolik
- Durchfall abwechselnd mit Verstopfung und Krämpfen
- Darmgeräusche

Modalitäten

↓ frühmorgens zwischen 3 und 4 Uhr, Kälte und Wind, Lärm, Berührung, Überanstrengung
↑ abends, Wärme, Ruhe

Dosierung

2-mal täglich 5 Globuli

▶▶ Okoubaka D3 (Schwarzafrikanischer Rindenbaum)

Causa/Lokalisation

- Durchfall und Verdauungsstörungen nach Antibiose

Leitsymptome

- Durchfälle sind wässrig, graugrün, wundmachend und unwillkürlich
- Übelkeit
- Bauchschmerzen
- Blähungen
- resttoxische Zustände nach Antibiose

Modalitäten

↓ Arzneimittel, Toxine
↑ Fasten

Dosierung

3-mal täglich 5 Globuli

▶▶ Sulfur D12 (Schwefel)

Causa/Lokalisation

- durch Antibiotika unterdrückte Haut- und Schleimhauterkrankungen

Leitsymptome

- Juckreiz
- gerötete und schuppige Haut
- Haarausfall
- Ekzeme
- unangenehmer Hautgeruch

Modalitäten

↓ abends und nachts, Nässe und Kälte, nach dem Waschen, Ruhe
↑ trockenes warmes Wetter, Bewegung und Anstrengung

Dosierung

2-mal täglich 5 Globuli

Arthritis

Beschreibung der Erkrankung und mögliche Ursachen

Das typische Symptom einer akuten Arthritis, das heißt Gelenkentzündung ist die Lahmheit der betroffenen Gliedmaße. Das Gelenk ist geschwollen, warm und sehr schmerzempfindlich. Zudem ist in der Regel die Bewegungsfähigkeit des Tieres eingeschränkt. Sind mehrere Gelenke gleichzeitig betroffen, spricht man von Polyarthritis.

Sowohl infektiöse als auch nicht infektiöse Ursachen können eine Arthritis auslösen. Als infektiöse Ursachen kommen Bakterien durch Gelenkverletzungen oder Bissverletzungen, Borreliose oder Viruserkrankungen in Frage. Als nicht infektiöse Ursachen gelten stumpfe Traumata, eine Arthrose, die in regelmäßigen Schüben zu einer reaktiven Gelenkentzündung führen kann oder eine rheumatoide Arthritis (Autoimmunerkrankung).

Symptome

- Schmerzen
- Lahmheit
- geschwollenes Gelenk
- gerötetes und überwärmtes Gelenk
- Bewegungsstörungen oder Vermeiden von Bewegung

Wichtig

Wenn sich die Symptomatik nach einigen Tagen nicht bessert, ist eine Untersuchung durch Tierarzt oder Tierheilpraktiker ratsam.

Therapie

▸▸ Acidum formicicum D6 (Ameisensäure)

Causa/Lokalisation

- akute Gelenkentzündungen als Folge von Überlastung, Kälte und Nässe
- rheumatoide Arthritis

Leitsymptome
- Steifheit und Deformation der Gelenke
- plötzliche Schmerzen, plötzliches Aufschreien
- nächtliche Unruhe

Modalitäten
↓ Kälte, Nässe, Bewegung
↑ Wärme, Druck, Ruhe

Dosierung
3-mal täglich 5 Globuli

▶▶ Bryonia D6 (Zaunrübe)

Causa/Lokalisation
- Folge einer hochakuten Entzündung der serösen Häute

Leitsymptome
- Gelenk rot, geschwollen, schmerzhaft und heiß
- akute Zerrungen und akute stechende Gelenkschmerzen
- im akuten Schub sehr starke Gelenkschmerzen, Tiere vermeiden jede Bewegung
- Tiere liegen auf erkrankter Stelle, da leichter Gegendruck die Schmerzen bessert
- extrem reizbar durch die Schmerzen

Modalitäten
↓ Bewegung, Berührung, Wärme, morgens, Anstrengung
↑ Ruhe, leichter Gegendruck, Kälte

Dosierung
3-mal täglich 5 Globuli

▶▶ Ledum (Sumpfporst)

Causa/Lokalisation
- Folge einer akuten Gelenkentzündung

Leitsymptome

- akute Gelenkschmerzen, die nach oben wandern, vor allem an den Pfoten und Zehengelenken
- Gelenk geschwollen
- Gelenke fühlen sich kalt an

Modalitäten

↓ Bewegung, Berührung, Wärme, morgens, Anstrengung
↑ Ruhe, leichter Gegendruck, Kälte

Dosierung

3-mal täglich 5 Globuli

▸▸ Rhus toxicodendron D12 (Giftsumach)

Causa/Lokalisation

- akute Lahmheit als Folge von Verrenkung, Zerrung und Prellung
- Muskel- und Gelenkrheuma

Leitsymptome

- schmerzhafte Gelenke
- Besserung der Schmerzen durch Bewegung, allgemeine motorische Unruhe

Modalitäten

↓ nachts, Ruhe, Nässe und Kälte, Aufstehen und zu Beginn der Bewegung, zu viel Belastung
↑ Wärme, ständige gemäßigte Bewegung

Dosierung

2-mal täglich 5 Globuli

Arthrose

Beschreibung der Erkrankung und mögliche Ursachen

Arthrosen sind Verschleißerscheinungen aufgrund chronischer Gelenkerkrankungen mit Gelenkknorpelschädigungen, einer verdickten Gelenkkapsel und Veränderungen der Gelenkflüssigkeit. Es kommt zu Einschränkungen der Gelenkfunktion und Gelenkschmerzen.

Symptome

- steife Gelenke und Muskeln
- Zittern und Lähmungserscheinungen
- Bewegungsstörungen
- Exostosen

Wichtig

Eine Arthrose ist ein schleichender Prozess, der nicht heilbar ist. Das Ziel einer Therapie ist auch in der Homöopathie die Linderung der Beschwerden und das Aufhalten des Prozesses.

Therapie

▶▶ Causticum D12 (Ätzkalk)

Causa/Lokalisation

- Bandscheibenvorfall und Arthrose

Leitsymptome

- Arthrose mit Zittern, Hinterhandschwäche und Lähmungserscheinungen
- Steifheit und Knacken der Gelenke
- unwillkürlicher Abgang von Harn oder Kot
- besonders bei übergewichtigen Tieren mit angeborenen Fehlstellungen

Modalitäten

↓ schönes und kaltes Wetter, Aufregung und Schreck
↑ feuchtes Wetter, warme Luft, Durchnässung

Dosierung

2-mal täglich 5 Globuli

▶▶ Harpagophytum D6 (Teufelskralle)

Causa/Lokalisation

- Hüftgelenksdysplasie
- Arthrose und Spondylose

Leitsymptome

- Gelenkschmerzen
- insbesondere große Gelenke, wie Hüfte, Knie und Schultern, betroffen
- Schmerzen beim Aufstehen

Modalitäten

↓ Wetterumschwung, Feuchtigkeit
↑ Ruhe, Liegen

Dosierung

3-mal täglich 5 Globuli

▶▶ Hekla lava D3 (Gestein des Vulkans Hekla)

Causa/Lokalisation

- Knochenwucherungen bei Hüftgelenksdysplasie, Spondylose und Arthrose
- Osteitis und Periostitis

Leitsymptome

- Schmerzen
- Exostosen und Knochennekrosen

Modalitäten

↓ körperliche Belastung
↑ im Liegen, Ruhe

Dosierung
3-mal täglich 5 Globuli

▸▸ Rhus toxicodendron D12 (Giftsumach)

Causa/Lokalisation
- chronische Lahmheit durch Hüftgelenksdysplasie und Arthrose

Leitsymptome
- Schmerzen in der Ruhe, daher Bewegungsdrang und Ruhelosigkeit
- akute Schmerzen bei Arthrose nach Überanstrengung
- steife Gelenke, vor allem durch Kälte und Nässe

Modalitäten
↓ nachts, Ruhe, Nässe und Kälte, Aufstehen und zu Beginn der Bewegung, zu viel Belastung
↑ Wärme, ständige gemäßigte Bewegung

Dosierung
2-mal täglich 5 Globuli

▸▸ Symphytum D3 (Beinwurz, Beinwell)

Causa/Lokalisation
- Exostosen und Periostschäden bei Spondylose und Arthrose

Leitsymptome
- Schmerzen
- Exostosen

Modalitäten
↓ Berührung, heftige und ruckartige Bewegungen
↑ keine Angaben

Dosierung
3-mal täglich 5 Globuli

▸▸ Viscum album D6 (Mistel)

Causa/Lokalisation
- Arthrose
- allgemeines Altersmittel

Leitsymptome
- steife Gelenke
- schmerzhafte Muskeln

Modalitäten
↓ Winter, Kälte und Sturm, Bewegung, in Linkslage
↑ im Freien

Dosierung
3-mal täglich 5 Globuli

Bandscheibenvorfall (Diskopathie)

Beschreibung der Erkrankung und mögliche Ursachen

Bandscheibenvorfälle werden in verschiedene Schweregrade eingeteilt. Zu Beginn treten zum Teil starke Schmerzen auf, die je nach Ort des Vorfalls in Vorder- oder Hinterbeine einstrahlen. Zudem kommt es zu Koordinations- und Bewegungsstörungen, einem gekrümmten Rücken, Lähmungen und Taubheit. Hunde erkranken häufiger als Katzen.

Symptome

- Schmerzen
- Berührungsempfindlichkeit
- Zittern
- Lähmungserscheinungen
- Bewegungsstörungen

Wichtig

Ein akuter Bandscheibenvorfall gehört in die Hand des Tierarztes; die homöopathische Behandlung kann als Add-on-Therapie und zur Weiter- und Nachbehandlung erfolgen.

Therapie

▶▶ Bryonia D6 (Weiße Zaunrübe)

Causa/Lokalisation

- akute Diskopathie vor allem im Bereich der Halswirbelsäule

Leitsymptome

- Tiere sind extrem reizbar durch Schmerzen oder apathisch und bleiben unbeweglich liegen
- stechende und reißende Schmerzen

Modalitäten

↓ Bewegung, Berührung, Wärme, morgens, Anstrengung
↑ Ruhe, leichter Gegendruck, Kälte

Dosierung

3-mal täglich 5 Globuli

▸▸ Causticum D12 (Ätzkalk)

Causa/Lokalisation

- Diskopathie mit Lähmungserscheinungen
- Diskopathie vor allem des alten Tieres

Leitsymptome

- Hinterhandschwäche oder Parese der hinteren Extremitäten
- Blasen- und Mastdarmlähmung nach Bandscheibenvorfall: unwillkürlicher Abgang von Harn oder Kot

Modalitäten

↓ schönes und kaltes Wetter, Aufregung und Schreck
↑ feuchtes Wetter, warme Luft, Durchnässung

Dosierung

2-mal täglich 5 Globuli

▸▸ Colocynthis D6 (Koloquinte)

Causa/Lokalisation

- akute Diskopathie
- Einsatz als homöopathisches Schmerzmittel

Leitsymptome

- starke, einschießende, krampfartige Schmerzen: „Gefühl des Zusammenschnürens wie mit eisernen Klammern“
- harter Bauch
- gekrümmter Rücken

Modalitäten

↓ Berührung, Ärger, Futteraufnahme
↑ Zusammenkrümmen, Druck auf den Bauch, Wärme, Ruhe, Stuhlentleerung oder Abgang von Blähungen

Dosierung

3-mal täglich 5 Globuli

▸▸ Hypericum D6 (Johanniskraut)

Causa/Lokalisation

- Nervenverletzungen durch eine akute Diskopathie mit starken Schmerzen
- Diskopathie im Bereich der Halswirbelsäule mit in die Vordergliedmaße strahlenden Schmerzen

Leitsymptome

- starke stechende, reißende und schießende Schmerzen, Tiere schreien plötzlich auf
- Innervierungsstörungen

Modalitäten

↓ Kälte, Feuchtigkeit, Wetterwechsel, Berührung
↑ Ruhe

Dosierung

3-mal täglich 5 Globuli

▸▸ Nux vomica D6 (Brechnuss)

Causa/Lokalisation

- akute Diskopathie

Leitsymptome

- starke, plötzliche Schmerzen
- Berührungsempfindlichkeit
- Muskelkrämpfe
- gespannte Bauchdecke und gekrümmter Rücken

- wechselnde Lähmung: Hinterpfoten abwechselnd steif und schlaff
- gestörter Harn- und Kotabsatz

Modalitäten

↓ frühmorgens zwischen 3 und 4 Uhr, Kälte und Wind, Lärm, Berührung, Überanstrengung
↑ abends, Wärme, Ruhe

Dosierung

3-mal täglich 5 Globuli

Bindehautentzündung (Konjunktivitis)

Beschreibung der Erkrankung und mögliche Ursachen

Eine Bindehautentzündung kann allergisch bedingt sein (▸Allergie der Atemwege) oder in Folge einer Erkältung auftreten. Weitere Auslöser sind Fremdkörper, Grannen, starker Wind oder eine Verletzung des Auges, beispielsweise ein Kratzer. Symptomatisch kommt es zu Tränenfluss, geröteten und geschwollenen Augen und Absonderungen unterschiedlicher Art. Die Tiere leiden unter Juckreiz oder Schmerzen – erkennbar daran, dass sie die Augen mit den Pfoten reiben.

Symptome

- Tränenfluss
- geschwollene und gerötete Augenlider
- wässrige, schleimige oder eitrige Absonderungen
- Juckreiz
- Schmerzen

Wichtig

Die genannten homöopathischen Mittel gibt es auch als Augentropfen, sodass die orale Therapie durch eine lokale Anwendung unterstützt werden kann.

Wie bei allen Formen von bakteriellen Infektionen kann Echinacea D1 (3-mal täglich 5 Globuli) das homöopathische Simile ergänzen.

Liegt die Ursache in einer Augenverletzung oder einem Fremdkörper, ist ein Tierarztbesuch nötig.

Therapie

▸▸ Allium cepa D6 (Küchenzwiebel)

Causa/Lokalisation

- viral oder allergisch bedingte Bindehautentzündung

Leitsymptome

- Augenlider rot und geschwollen
- reichlich milde Tränen, Augen wie mit einem Film überzogen
- scharfe Absonderungen aus der Nase, die Haut und Schleimhaut reizen

Modalitäten

↓ im Warmen, abends
↑ im Freien, Kälte, Bewegung

Dosierung

3-mal täglich 5 Globuli

▸▸ Apis mellifica D6 (Honigbiene)

Causa/Lokalisation

- akute, allergisch bedingte Bindehautentzündung

Leitsymptome

- Juckreiz an den Augen
- starke ödematös geschwollene und schmerzende Augen

Modalitäten

↓ nachts, Wärme, Bewegung, Berührung, Schlaf
↑ Kälte, frische Luft, kalte Umschläge

Dosierung

3-mal täglich 5 Globuli

▸▸ Euphrasia D6 (Augentrost)

Causa/Lokalisation

- viral oder allergisch bedingte Bindehautentzündung

Leitsymptome

- scharfer und brennender Tränenfluss und milder Schnupfen
- gerötete, geschwollene und juckende Augen
- Lichtscheue

Modalitäten

↓ abends, helles Licht, Wind und Zugluft, im Haus
↑ Dunkelheit, frische Luft

Dosierung

3-mal täglich 5 Globuli

▸▸ Pulsatilla pratensis D6 (Wiesenküchenschelle)

Causa/Lokalisation

- chronisch-rezidivierende Bindehautentzündung
- Einsatz als Konstitutionsmittel, wenn zum Typ des Tieres passend

Leitsymptome

- Tränenfluss mild
- gerötete, geschwollene und juckende Augen
- Augenreiben
- Überempfindlichkeit gegen Licht
- gelb-eitriges, mildes Sekret
- Augenlider verklebt und verkrustet

Modalitäten

↓ abends, nachts, Wärme, Wetterwechsel, vor und während Läufigkeit, im Zimmer, Ruhe
↑ frische Luft und Kühle, Bewegung draußen

Dosierung

3-mal täglich 5 Globuli

Blasenentzündung (Zystitis)

Beschreibung der Erkrankung und mögliche Ursachen

Eine Blasenentzündung (Zystitis) ist eine akute oder chronische Entzündung der Harnblase und betrifft Harnblase und Harnröhre und kann sich bis in die Harnleiter und die Nieren ausweiten und sich zu einer Nierenentzündung (▸Nierenentzündung, Nephritis) entwickeln.

Ältere Hunde und Katzen beider Geschlechter erkranken aufgrund der nachlassenden Immunabwehr und der schwächeren Schließmuskelfunktion der Harnwege häufiger. Aufgrund der kurzen Harnröhre sind zudem weibliche Tiere öfter betroffen, da Bakterien schneller in die Harnblase gelangen können. Auch kommen Harngries und Harnsteine als Auslöser einer Blasenentzündung in Frage.

Symptome

- Harndrang
- unwillkürlicher Harnabsatz
- Schmerzen beim Harnabsatz
- Apathie und Schwäche
- dunkler, trüber und/oder blutiger Urin
- unangenehmer Geruch des Urins
- Urinuntersuchung zeigt erhöhte Mengen an Bakterien, Eiweiß, Sediment, Erythrozyten, Hämoglobin und/oder Kristallen; pH-Wert ist in der Regel erhöht

Wichtig

Wie bei allen Formen von bakteriellen Infektionen kann Echinacea D2 (3-mal täglich 5 Globuli) das homöopathische Simile ergänzen.

Wenn Harngrieß oder Harnsteine die Ursachen für eine Blasenentzündung sind, kann alternativ zu einer operativen Entfernung in Absprache mit dem behandelnden Therapeuten eine Behandlung mit dem homöopathischen Simile, eine Futterumstellung auf Feuchtfutter, Zufuhr von viel Wasser zur Ausleitung und Solidago D2 (3-mal täglich 5 Globuli) durchgeführt werden. Es empfehlen sich regelmäßige Urin- und Ultraschalluntersuchungen zur Kontrolle.

Therapie

▸▸ Arsenicum album D12 (weißer Arsenik)

Causa/Lokalisation

- chronische Blasenentzündung
- Einsatz als Konstitutionsmittel, wenn zum Typ des Tieres passend

Leitsymptome

- Harnabsatz unwillkürlich, oft nur tropfenweise oder in kleinen Mengen
- dunkler, trüber und/oder blutiger sowie stark riechender Urin
- Urinuntersuchung: pH-Wert erhöht und erhöhte Mengen an Eiweiß, Sediment, Erythrozyten und Kristalle
- Tiere sind durch die Erkrankung deutlich gealtert
- Tiere trinken häufig kleine Mengen
- Tiere suchen Wärme
- Appetitlosigkeit

Modalitäten

↓ nachts, nach Mitternacht bis 3 Uhr, Kälte, Berührung, Ruhe

↑ Wärme, warme Umschläge

Dosierung

2-mal täglich 5 Globuli

▶▶ Berberis D4 (Berberitze, Sauerdorn)

Causa/Lokalisation

- Blasenentzündung chronisch-rezidivierend, häufig als Folge von Harngries und Harnsteinen

Leitsymptome

- Blasenerkrankungen chronisch-rezidivierend, mit Blut möglich
- stechende Schmerzen und Brennen bei und nach der Harnentleerung durch Grieß
- Schmerzen bei Harndrang, wenn kein Harn fließt
- Urin mit weiß-mehligem, gelbem oder rötlichem Sediment
- schneller Wechsel der Symptome: Wechsel zwischen Durst und Durstlosigkeit, Appetit und Inappetenz, hellem und dunklem Urin
- Urinuntersuchung: Eiweiß und pH-Wert erhöht, Epithelien und Sediment sichtbar, Erythrozytenmenge wechselnd

Modalitäten

↓ Druck, plötzliche Bewegung, nachts
↑ Absonderungen wie Urin oder Schweiß

Dosierung

3-mal täglich 5 Globuli

▶▶ Causticum D12 (Ätzkalk)

Causa/Lokalisation

- Blasenentzündung chronisch, häufig als Folge von Blasenschwäche oder Blasenlähmung, z. B. nach Bandscheibenvorfall oder Operation

Leitsymptome

- Harndrang
- Blaseninkontinenz: Nachträufeln von Urin oder unwillkürlicher Harnabsatz beim Gehen, Husten, Niesen oder im Schlaf
- Urin trübe, dunkel und mit viel Sediment

Modalitäten

↓ schönes und kaltes Wetter, Aufregung und Schreck
↑ feuchtes Wetter, warme Luft, Durchnässung

Dosierung

2-mal täglich 5 Globuli

▸▸ Lycopodium D12 (Bärlapp)

Causa/Lokalisation

- Nierenschwäche und chronische Blasenentzündung, häufig als Folge von Harngries und Harnsteinen

Leitsymptome

- Harndrang
- Harngrieß oder Harnsteine
- unangenehmer Geruch des Urins
- wenig Durst
- Urinuntersuchung: Erythrozyten, Leukozyten und pH-Wert erhöht, Epithelien, meist rotes Sediment und Kristalle sichtbar
- wenig Appetit
- „altes“ Aussehen, ungepflegtes Fell, unangenehmer Geruch

Modalitäten

↓ Wärme, Ruhe, von 16–20 Uhr, rechte Seite
↑ Bewegung, kühle Luft, nach Mitternacht

Dosierung

2-mal täglich 5 Globuli

▸▸ Mercurius solubilis D12 (Quecksilber)

Causa/Lokalisation

- akute und subakute Blasenentzündung

Leitsymptome

- Harndrang
- Urin scharf, eitrig und mit Blut vermischt, oder schleimig-eitrig und mild
- Urinuntersuchung: Eiweiß, Leukozyten und pH-Wert erhöht, Epithelien und Zylinder sichtbar, stark erhöhte Erythrozytenmenge

Modalitäten

↓ Kälte und Wärme, nachts
↑ gemäßigte Temperaturen, Ruhe

Dosierung

2-mal täglich 5 Globuli

▶▶ Pulsatilla pratensis D12 (Wiesenküchenschelle)

Causa/Lokalisation

- Blasenentzündung während oder nach der Läufigkeit/Rolligkeit
- chronische Blasenentzündung, häufig als Folge einer aufsteigenden Infektion (Scheidenentzündung)
- Blasenentzündung und Inkontinenz der kastrierten Hündin

Leitsymptome

- Harndrang
- Urin wie Wasser, manchmal brauner Urin
- Urinuntersuchung: viel Sediment
- wenig Durst
- unwillkürlicher Harnabgang aus Angst oder Freude – bevorzugt bei Jungtieren, kann aber auch bei älteren Tieren auftreten

Modalitäten

↓ abends, nachts, Wärme, Wetterwechsel, vor und während Läufigkeit, im Zimmer, Ruhe
↑ frische Luft und Kühle, Bewegung draußen

Dosierung

2-mal täglich 5 Globuli

▶▶ Thuja D12 (Lebensbaum)

Causa/Lokalisation

- Entzündung und Vergrößerung der Prostata mit Blasen- und Harnröhrenentzündung
- chronische Blasenentzündung mit schleimig-eitrigem und blutigem Urin
- Einsatz als Konstitutionsmittel, wenn zum Typ des Tieres passend

Leitsymptome

- Harndrang
- unwillkürlicher, schmerzhafter Harnabsatz
- passives Austreten des Urins aus der Harnröhre
- blutiger oder schleimig-eitriger Urin

Modalitäten

↓ abends, nachts, Kälte und Nässe, Wetterwechsel

↑ Bewegung, Wärme

Dosierung

2-mal täglich 5 Globuli

Bluterguss (Hämatom)

Beschreibung der Erkrankung und mögliche Ursachen

Ursachen für einen Bluterguss können Unfälle oder Verletzungen sein. Ein Hämatom kann, muss aber nicht schmerzhaft sein; die Haut darunter erscheint rot oder bläulich.

Symptome

- Schmerzen
- Schwellung
- rote oder bläuliche Verfärbung

Wichtig

Beim Bluterguss am Auge kann Ledum mit Symphytum kombiniert werden.

Therapie

▶▶ Arnica D6 (Bergwohlverleih)

Causa/Lokalisation

- frisches Hämatom als Folge einer stumpfen Verletzung

Leitsymptome

- Schmerzen
- Schwellung
- Rötung

Modalitäten

↓ Bewegung, Berührung
↑ Ruhe, Liegen

Dosierung

3-mal täglich 5 Globuli

▸▸ Bellis perennis D6 (Gänseblümchen)

Causa/Lokalisation

- frisches Hämatom als Folge eines Traumas
- kleinerer Bluterguss

Leitsymptome

- Schmerzen
- Schwellung

Modalitäten

↓ Wärme und Hitze, kalter Wind, Anstrengung
↑ Reiben, fortgesetzte Bewegung

Dosierung

3-mal täglich 5 Globuli

▸▸ Hamamelis D6 (Virginischer Zauberstrauch)

Causa/Lokalisation

- älteres Hämatom als Folge von Verletzung, Stoß oder Schlag

Leitsymptome

- Schmerzen
- blaurote Verfärbung durch venöse Blutung

Modalitäten

↓ feuchtwarme Luft, Bewegung
↑ frische Luft, Ruhe

Dosierung

3-mal täglich 5 Globuli

▸▸ Ledum D6 (Sumpfporst)

Causa/Lokalisation

- Hämatom durch Verletzung mit punktförmiger Bindehauteinblutung am Auge: „blaues Auge“

Leitsymptome

- Schmerzen
- geschwollene rötlich-blaue Bindehaut

Modalitäten

↓ nachts, Wärme und Berührung
↑ Kälte, kalte Umschläge

Dosierung

3-mal täglich 5 Globuli

Durchfall (Diarrhö)

Beschreibung der Erkrankung und mögliche Ursachen

Durchfall ist keine Erkrankung, sondern ein unspezifisches Symptom. Mögliche Ursachen sind Ernährungsfehler bzw. eine nicht artgerechte Ernährung, eine zu schnelle Futterumstellung, Arzneimittel, bakterielle und virale Infektionen, Parasiten, Toxine oder Primärerkrankungen von Leber, Niere oder Bauchspeicheldrüse. Auch Stress und psychische Belastungen können bei Hunden und Katzen zu Durchfall führen.

Symptome

- Kot dünn, breiig, wässrig, eventuell Blutbeimengungen im Stuhl
- Appetitlosigkeit
- Erschöpfung
- Blähungen
- Erbrechen
- Krämpfe
- starker Durst
- eventuell Fieber
- Austrocknung

Wichtig

Der Körper verliert durch den Durchfall Flüssigkeit und wichtige Nährstoffe, die ergänzt werden müssen. Betroffene Tiere müssen viel trinken. Hunden kann schwarzer Tee oder Kamillentee angeboten werden. Notfalls benötigt der Vierbeiner eine Infusion. Schonkost und Ruhe unterstützen die homöopathische Behandlung. Alternativ zur Homöopathie haben sich medizinische Kohle und Heilerde bewährt.

Therapie

▸▸ Antimonium crudum D12 (Grauspießglanz)

Causa/Lokalisation

- Einsatz als Konstitutionsmittel, wenn zum Typ des Tieres passend

Leitsymptome

- wässriger, schleimiger Durchfall im Wechsel mit Verstopfung

Modalitäten

↓ Hitze, nachts, Berührung
↑ Ruhe, Liegen

Dosierung

2-mal täglich 5 Globuli

▸▸ Argentum nitricum D12 (Silbernitrat)

Causa/Lokalisation

- Durchfall durch Aufregung und „Lampenfieber", z. B. nach Prüfungen, Hundeschule, Tierarzt, Ausstellungen
- nervöse Gastroenteritis

Leitsymptome

- Durchfall mit faserigem Schleim und Bläschen durchsetzt
- Aufregungen führen zu häufigen Durchfällen
- Durchfall sofort nach Fressen und Trinken
- nervös, ängstlich und hektisch, Typ „scheues Reh"

Modalitäten

↓ nachts, Wärme, Enge, Erregung
↑ Kühle, im Freien, Aufstoßen, Druck

Dosierung

2-mal täglich 5 Globuli

▸▸ Arsenicum album D12 (weißer Arsenik)

Causa/Lokalisation

- Infektionen durch Viren
- Aufnahme von verdorbenem Futter oder Giftstoffen
- Durchfall durch Stress und Angst
- Durchfall nach dem Fressen von Schnee

Leitsymptome

- faulig-aashaft riechender, dunkler Durchfall, in kleinen Mengen abgesetzt
- viel Durst, trinkt aber nur kleine Mengen, die oft wieder erbrochen werden
- Inappetenz, Ekel vor dem Futter, Abmagerung
- Ruhelosigkeit oder Erschöpfung und Schwäche
- wenn chronisch: periodisch auftretender Durchfall, mit Verschlechterung nachts
- Blut im Stuhl möglich

Modalitäten

↓ nachts, nach Mitternacht, Kälte
↑ Ruhe, Wärme

Dosierung

2-mal täglich 5 Globuli

▸▸ Carbo vegetabilis D6 (Holzkohle)

Causa/Lokalisation

- Durchfall und Erbrechen mit Schwäche und Erschöpfung durch Flüssigkeitsverlust
- Vorbeugung und Nachbehandlung der Magendrehung des Hundes

Leitsymptome

- Verdauungsstörungen mit dunklem, stinkendem Durchfall, übelriechenden Blähungen und Aufstoßen
- Kot wässrig, teilweise blutig, mit Schleimfetzen
- Blähungen mit hartem aufgetriebenem Bauch

Modalitäten

↓ nach dem Fressen, abends und nachts, im Freien, Wärme und feuchtwarmes Wetter
↑ Kälte, Aufstoßen oder Abgang von Blähungen

Dosierung

3-mal täglich 5 Globuli

▸▸ China D6 (Chinarinde)

Causa/Lokalisation

- Durchfall als Folge von Infektionen/Parasiten und Blut- und Flüssigkeitsverlust
- Nachbehandlung nach Kokzidienbefall

Leitsymptome

- chronischer breiig-wässrig schaumiger Durchfall mit Inappetenz und Erbrechen
- Verdauungsschwäche, Stuhldrang, Blähungen, Kolik mit aufgetriebenem Bauch
- Tiere zottig, abgemagert und erschöpft
- selten indiziert in frühen Stadien einer Krankheit

Modalitäten

↓ nachts, Flüssigkeitsverlust
↑ Wärme

Dosierung

3-mal täglich 5 Globuli

▸▸ Ignatia C30 (Ignatiusbohne)

Causa/Lokalisation

- akuter oder chronischer Durchfall als Folge emotionaler Belastung (Stress, Kummer, Verlust, Heimweh)
- Einsatz als Konstitutionsmittel, wenn zum Typ des Tieres passend

Leitsymptome

- psychisch bedingter Durchfall
- Erbrechen
- Magenkrämpfe, Kolik

Modalitäten

↓ nachts, nasses und feuchtes Wetter
↑ Ruhe, gemäßigte Temperaturen

Dosierung

1-mal täglich 5 Globuli

▸▸ Mercurius solubilis D12 (Quecksilber)

Causa/Lokalisation

- Dickdarmentzündung

Leitsymptome

- Durchfall schleimig, grünlich-gelb, blutig
- Stuhldrang, kann Stuhl nicht halten
- Kot wie von einer Schleimhaut überzogen, Kot wundmachend
- Heißhunger und Inappetenz abwechselnd
- Maulgeruch und Speichelfluss

Modalitäten

↓ nachts, nasses und feuchtes Wetter
↑ Ruhe, gemäßigte Temperaturen

Dosierung

2-mal täglich 5 Globuli

▸▸ Nux vomica D12 (Brechnuss)

Causa/Lokalisation

- Aufnahme von zu viel, nicht artgerechter Nahrung oder verdorbenem Futter
- nach zu schneller Futterumstellung

- nach Antibiotikatherapie und anderen schulmedizinischen Arzneimitteln
- Durchfall durch Stress, psychische Belastungen und übermäßige Beanspruchung

Leitsymptome

- Durchfall, abwechselnd mit Verstopfung
- Blähungen, Bauchschmerzen, Krämpfe und Kolik
- Kotdrang mit Schwierigkeiten, den Darm zu entleeren
- Futterverweigerung oder Schlingen des Futters mit anschließendem Regurgitieren
- Hyperästhesie der Sinne gegen Geräusche, Berührung und Hochheben (Schmerz?)
- Verdauungsschwächling

Modalitäten

↓ frühmorgens zwischen 3 und 4 Uhr, Lärm, Kälte, Anstrengung, Berührung, Ärger
↑ abends, Ruhe, Wärme

Dosierung

2-mal täglich 5 Globuli

▸▸ Okoubaka D3 (Schwarzafrikanischer Rindenbaum)

Causa/Lokalisation

- Folge von verdorbenem Futter und Vergiftungen
- Durchfall nach Antibiose und bei gestörter Darmflora (Mikrobiom)

Leitsymptome

- akuter Magen-Darm-Infekt
- starker Durchfall mit Übelkeit, Blähungen und kollernden Darmgeräuschen
- Stuhl wässrig, graugrün, wundmachend, unwillkürlich
- unregelmäßiger Stuhlgang

Dosierung

3-mal täglich 5 Globuli

Eiterung und Abszess

Beschreibung der Erkrankung und mögliche Ursachen

Die typischen Eitermittel in der Homöopathie sind Hepar sulfuris, Mercurius solubilis, Myristica sebifera und Silicea. Sie werden durch Konsistenz und Farbe des Eiters, Zustand der eitrigen Infektion bzw. des Abszesses und Modalitäten differenziert.

Symptome

- Sekret eitrig
- entzündliche Schwellung und Rötung
- Überwärmung
- Schmerzen
- eventuell Fieber

Wichtig

Bei Hepar sulfuris gibt es eine entgegengesetzte Wirkung, abhängig von der Potenz. In tiefen Potenzen wird die Reifung des Abszesses gefördert und es kommt kurz darauf zum spontanen Abfluss des Eiters. Mit hohen Potenzen kommt es zur Resorption des eitrigen Sekrets, und der Abszess bildet sich zurück.

Therapie

▸▸ Hepar sulfuris D3 (Kalkschwefelleber)

Causa/Lokalisation

- Folge von akuten Entzündungen und Eiterungen

Leitsymptome

- akute eitrige Infektionen, Wunden und Abszesse
- Eiter und Entzündungssekret riechen nach altem Käse
- Fieber
- hohe Berührungsempfindlichkeit und Schmerzhaftigkeit

- je nach Potenz Reifung oder Stoppen der Eiterbildung
- muss innerhalb von Stunden bis maximal zwei Tagen wirken

Modalitäten

↓ Kälte, Zugluft, Berührung der erkrankten Stelle
↑ Wärme, warme Umschläge

Dosierung

Tiefpotenzen (D3): fördern Reifung und Eröffnung des Abszesses, Eiter kann abfließen; Hochpotenzen (D12 und D30): dämmen den Eiterprozess ein

▸▸ Mercurius solubilis D6 (Quecksilber)

Causa/Lokalisation

- hochakute, eitrige Entzündungen der Haut und Schleimhäute

Leitsymptome

- harte und gerötete Abszesse
- Absonderungen am Anfang scharf, eitrig und mit Blut vermischt, später schleimig-eitrig und mild
- eitrige Entzündungen mit starker Schwellung
- übelriechender Gestank des Eiters

Modalitäten

↓ Kälte und Wärme, nachts
↑ gemäßigte Temperaturen, Ruhe

Dosierung

3-mal täglich 5 Globuli

▸▸ Myristica sebifera D3 (Ucuuba, Talgmuskatnussbaum)

Causa/Lokalisation

- eitrige Prozesse der Haut und Schleimhaut
- Abszesse, die nicht reifen oder sich nicht öffnen wollen

Leitsymptome

- im Verlauf nicht so akut wie Hepar sulfuris und Mercurius solubilis

- fördert und beschleunigt die Resorption des eitrigen Sekrets
- Schmerzhaftigkeit nur gering ausgeprägt
- homöopathisches Messer

Modalitäten

↓ nicht bekannt
↑ nicht bekannt

Dosierung

3-mal täglich 5 Globuli

▸▸ Silicea D12 (Kieselsäure)

Causa/Lokalisation

- Folge von chronischen Eiterungen mit Fistelbildung

Leitsymptome

- infizierte Wunden mit schlechter Heiltendenz
- Einsatz, wenn die akute eitrige Phase vorüber ist
- zur besseren Ausheilung von infizierten Wunden und Abszessen nach Eröffnung
- Eiterungen sind reaktionsträge, schmierend und chronisch

Modalitäten

↓ Kälte, kaltes Wasser
↑ Wärme, Sommer, feuchtes und nasses Wetter

Dosierung

2-mal täglich 5 Globuli

Ekzem

Beschreibung der Erkrankung und mögliche Ursachen

Ekzeme und Hautausschläge können durch Allergien, Stoffwechselüberlastungen, Fütterungsfehler, Leber- und Nierenerkrankungen oder psychische Belastungen auftreten.

Symptome

- Juckreiz
- trockene oder feuchte Ekzeme
- Schuppen
- Haarausfall, Haarbruch
- trockene oder fettige Haut, stumpfes, filziges oder graues Fell
- schrundige, rissige und verhornte Haut
- unangenehmer Hautgeruch
- Rötungen, Pusteln, Papeln, Geschwüre

Wichtig

Ekzeme und andere Hauterkrankungen sollten möglichst konstitutionell behandelt werden, um die eigentliche Ursache und nicht nur einzelne Symptome zu beheben. Das homöopathische Typmittel kann durch das Umstimmungsmittel Acidum formicicum, das Zwischen- und Reaktionsmittel Sulfur oder die organotrop und antiallergisch wirkenden Mittel Cardiospermum und Urtica ergänzt werden.

Therapie

▶▶ Acidum formicicum D12 (Ameisensäure)

Causa/Lokalisation

- Umstimmungsmittel in der Behandlung von Inhalations- und Futtermittelallergien

Leitsymptome

- Juckreiz
- trockene und nässende Ekzeme
- urtikarielle Exantheme

Modalitäten

↓ Kälte, Nässe, Bewegung
↑ Wärme, Druck, Ruhe

Dosierung

2-mal täglich 5 Globuli

▶▶ Antimonium crudum D12 (Grauspießglanz)

Causa/Lokalisation

- trockene, schrundige Hauterkrankungen am Übergang zwischen Haut und Schleimhaut: Maul, Augenlider und Anus
- Hyperkeratose des Nasenspiegels und der Ballen
- versuchsweise bei Liegeschwielen
- Einsatz als Konstitutionsmittel, wenn zum Typ des Tieres passend

Leitsymptome

- schmerzhafte Verhornungen
- schmerzhafte Schrunden und Risse
- Neigung zu abnormer Hautbildung, Verdickung der Haut
- wunde, verkrustete Nasenöffnungen und Maulwinkel

Modalitäten

↓ Hitze, nachts, Berührung
↑ Ruhe, Liegen

Dosierung

2-mal täglich 5 Globuli

▶▶ Arsenicum album D12 (weißer Arsenik)

Causa/Lokalisation

- Ekzeme durch oder mit Leber- oder Nierenstörungen
- Ekzeme und Hauterkrankungen meist älterer Tiere

- Ekzeme und Hauterkrankungen durch Angst und seelische Belastungen: Putzzwang und Leckekzem
- Einsatz als Konstitutionsmittel, wenn zum Typ des Tieres passend

Leitsymptome

- Juckreiz, Brennen, anfallsartiges Kratzen
- Haarausfall
- Fell stumpf, fettig, schuppig und trocken
- nässende Ekzeme
- Juckreiz ist nachts stark ausgeprägt
- Durst

Modalitäten

↓ nachts, nach Mitternacht bis 3 Uhr, Kälte, Berührung, Ruhe
↑ Wärme, warme Umschläge

Dosierung

2-mal täglich 5 Globuli

▶▶ Cardiospermum D3 (Herzsame)

Causa/Lokalisation

- Allergien der Haut und Schleimhäute

Leitsymptome

- starker Juckreiz
- gerötete Haut
- entzündliche, trockene oder nässende und stark juckende Ekzeme und Pusteln

Modalitäten

↓ Wärme
↑ frische Luft

Dosierung

3-mal täglich 5 Globuli

▸▸ Graphites D12 (Graphit, Reißblei)

Causa/Lokalisation

- Hauterkrankungen als Folge von Stoffwechsel- oder Hormonstörungen
- Hautbeschwerden vor allem an den Gelenkbeugen, am Hals, hinter den Ohren: die Lokalisation der Hautsymptome ist sehr typisch für Graphites
- trockene Ekzeme an den Augenlidern
- Einsatz als Konstitutionsmittel, wenn zum Typ des Tieres passend

Leitsymptome

- trockene, juckende Ekzeme mit Pigmenteinlagerungen, symmetrischer Kahlheit und wulstiger, schrundiger und rissiger Haut (Elefantenhaut)
- Ekzeme mit nässenden, schmierigen, honigartigen Absonderungen
- dickliche, träge, gefräßige Tiere mit Neigung zu Verstopfung

Modalitäten

↓ morgens und abends, Kälte und Zugluft

↑ Wärme, nach dem Fressen

Dosierung

2-mal täglich 5 Globuli

▸▸ Lycopodium D12 (Bärlapp)

Causa/Lokalisation

- Ekzeme als Folge von Leber- oder Nierenstörungen
- Einsatz als Konstitutionsmittel, wenn zum Typ des Tieres passend

Leitsymptome

- Juckreiz
- Haarbruch, trockenes, brüchiges und glanzloses Fell
- Hautaffektionen mit nässenden Ekzemen
- Tiere sehen älter aus als sie sind
- ungepflegtes Fell, Unterwolle löst sich schlecht
- unangenehmer Hautgeruch

Modalitäten

↓ Wärme, Ruhe, von 16–20 Uhr, rechte Seite
↑ Bewegung, kühle Luft, nach Mitternacht

Dosierung

2-mal täglich 5 Globuli

▸▸ Mercurius solubilis D12 (Quecksilber)

Causa/Lokalisation

- Leckekzeme durch psychische Belastungen

Leitsymptome

- nässende, großflächige, gerötete Ekzeme durch Nagen oder Schlecken
- Neigung zu Geschwüren

Modalitäten

↓ Kälte und Wärme, nachts
↑ gemäßigte Temperaturen, Ruhe

Dosierung

2-mal täglich 5 Globuli

▸▸ Natrium chloratum C30 (Kochsalz)

Causa/Lokalisation

- Ekzeme als Folge von Leber- oder Stoffwechselbelastungen durch Fütterungsfehler oder einseitige Ernährung, z. B. nur Fütterung von Dosen- oder Trockenfutter
- Einsatz als Konstitutionsmittel, wenn zum Typ des Tieres passend

Leitsymptome

- Juckreiz
- schuppig-nässende Ekzeme vor allem in Gelenkbeugen und Wirbelsäule
- Haarausfall, stumpfes Fell, trockene Haut

Modalitäten

↓ morgens, Stress und Kummer, Frühling bis Herbst, Sonnenhitze, feuchtkaltes Wetter, an der See
↑ abends, trockenes warmes Wetter, Rückenlage

Dosierung

Einzelgaben im 2–3-wöchigen Abstand

▸▸ Rhus toxicodendron D12 (Giftsumach)

Causa/Lokalisation

- Ekzeme als Folge einer Kontaktallergie

Leitsymptome

- Juckreiz
- nässende Ekzeme mit Hautrötung, Bläschen, Quaddeln

Modalitäten

↓ nachts, Ruhe, Nässe und Kälte, Aufstehen und zu Beginn der Bewegung, zu viel Belastung
↑ Wärme, ständige gemäßigte Bewegung

Dosierung

2-mal täglich 5 Globuli

▸▸ Sepia D12 (Tintenfisch)

Causa/Lokalisation

- Ekzeme als Folge von hormonellen Störungen
- Dermatomykosen

Leitsymptome

- Juckreiz
- pustulöse, nässende, seborrhoische Ekzeme
- trockene, schuppige Haut
- struppiges Fell
- Haarausfall

Modalitäten

↓ vor und im Östrus, Kälte, Stress, Anstrengung
↑ Bewegung, im Freien, Wärme

Dosierung

2-mal täglich 5 Globuli

▸▸ Sulfur D12 (Schwefel)

Causa/Lokalisation

- trockene und feuchte Ekzeme als Folge von Stoffwechsel- und Leberbelastungen, z. B. durch Medikamente, Impfstoffe, Zeckenmittel und Fütterungsfehler
- Hautausschläge treten im Wechsel mit anderen Erkrankungen, z. B. Durchfall oder Atemwegsbeschwerden und Asthma auf bzw. treten nach Unterdrückung der Beschwerden auf
- Einsatz als Zwischen- oder Reaktionsmittel

Leitsymptome

- Juckreiz, Brennen
- trockene, schuppige und gerötete Haut, struppiges Fell, ungepflegtes Äußeres
- Haarausfall
- Fellwechsel dauert lange, Unterwolle geht beim Fellwechsel schlecht raus
- Rhagaden, Wundheit in den Hautfalten
- Furunkel, pustulöse Ekzeme

Modalitäten

↓ abends und nachts, Nässe und Kälte, nach dem Waschen, Ruhe
↑ trockenes warmes Wetter, Bewegung und Anstrengung

Dosierung

2-mal täglich 5 Globuli

▸▸ Thuja C30 (Lebensbaum)

Causa/Lokalisation

- Ekzeme und Hautbeschwerden als Folge von Impfungen

Leitsymptome

- Juckreiz
- Hautbeschwerden – vor allem an den Geschlechtsorganen – mit Hautverdickung und Dunkelpigmentierung
- Haarausfall

Modalitäten

↓ abends und nachts, Nässe und Kälte, Wetterwechsel
↑ Bewegung, Wärme

Dosierung

nach der Impfung 3 Tage lang je 5 Globuli Thuja C30

▸▸ Urtica D6 (Kleine Brennnessel)

Causa/Lokalisation

- Ekzeme als Folge von Allergien

Leitsymptome

- nesselartige, juckende Ekzeme: Urtikaria
- Erytheme, Pusteln, Papeln
- brennende Schmerzen

Modalitäten

↓ Kälte, Waschen mit kaltem Wasser, Berührung, Anstrengung
↑ nicht bekannt

Dosierung

3-mal täglich 5 Globuli

Erbrechen

Beschreibung der Erkrankung und mögliche Ursachen

Erbrechen ist eine Schutzreaktion gegen Krankheitserreger und Fremdkörper und bedarf daher nicht grundsätzlich einer Behandlung. Die unten genannten homöopathischen Mittel können auch bei einer konstitutionellen Neigung zum Erbrechen eingesetzt werden.

Symptome

- Erbrechen mit oder ohne Durchfall
- Erbrechen von Schleim, Futter oder Blut
- Durst
- Schwäche oder Störung des Allgemeinbefindens

Wichtig

Tritt Erbrechen aufgrund von Fressen von Verdorbenem oder Gift auf, sollte bei schlechtem Allgemeinbefinden zusätzlich der Tierarzt aufgesucht werden.

Therapie

▶▶ Arsenicum album D12 (weißer Arsenik)

Causa/Lokalisation

- Erbrechen als Folge von Virusinfekten oder Fressen von Verdorbenem und Gift
- Erbrechen durch Angst
- Einsatz als Akut- oder als Konstitutionsmittel, wenn zum Typ des Tieres passend

Leitsymptome

- Erbrechen nach dem Fressen oder Trinken
- Erbrechen mit Schwäche, Inappetenz, Gewichtsverlust und starkem Durst
- schwerer Verlauf

Modalitäten

↓ nachts, nach Mitternacht bis 3 Uhr, Kälte, Berührung, Ruhe
↑ Wärme, warme Umschläge

Dosierung

2-mal täglich 5 Globuli

▸▸ Carbo vegetabilis D6 (Holzkohle)

Causa/Lokalisation

- Schwäche und Erschöpfung durch Erbrechen

Leitsymptome

- verminderte Lebenskraft durch Verlust von Körperflüssigkeiten durch starkes oder chronisches Erbrechen

Modalitäten

↓ nach dem Fressen, abends und nachts, im Freien, Wärme und feuchtwarmes Wetter
↑ Kälte, Aufstoßen oder Abgang von Blähungen

Dosierung

3-mal täglich 5 Globuli

▸▸ Ignatia C30 (Ignatiusbohne)

Causa/Lokalisation

- Erbrechen als Folge emotionaler Belastung (Stress, Kummer, Verlust, Heimweh)
- Einsatz als Konstitutionsmittel, wenn zum Typ des Tieres passend

Leitsymptome

- psychisch bedingtes Erbrechen
- oft mit Durchfall, Magenkrämpfen und Kolik

Modalitäten

↓ abends und nachts, Aufregung, Schreck, seelische Belastung, Kälte
↑ Wärme, nach dem Fressen

Dosierung

1-mal täglich 5 Globuli

▸▸ Jodum D12 (Jod)

Causa/Lokalisation

- Neigung zu Erbrechen als Folge einer Schilddrüsenüberfunktion (Hyperthyreose)

Leitsymptome

- Erbrechen und Durchfall
- rascher Stoffwechsel: Tiere sind schlank und mager
- Charakter ängstlich, hektisch, unruhig, geräuschempfindlich, ständig in Bewegung

Modalitäten

↓ Wärme

↑ Kühle, im Freien, nach der Fütterung, morgens

Dosierung

2-mal täglich 5 Globuli

▸▸ Nux vomica D12 (Brechnuss)

Causa/Lokalisation

- Erbrechen als Folge von Stress, nicht artgerechter Ernährung oder durch Arzneimittel
- Hyperästhesie der Sinnesreize wirkt sich auf den Magen-Darm-Trakt aus
- Reisekrankheit mit Unruhe, Übelkeit und Erbrechen
- Einsatz als Akut- oder als Konstitutionsmittel, wenn zum Typ des Tieres passend

Leitsymptome

- Erbrechen mit Durchfall oder Verstopfung und Kolik
- spastisches Erbrechen 1–2 Stunden nach dem Fressen

Modalitäten

↓ frühmorgens zwischen 3 und 4 Uhr, Kälte und Wind, Lärm, Berührung, Überanstrengung

↑ abends, Wärme, Ruhe

Dosierung

2-mal täglich 5 Globuli

▸▸ Phosphorus D12 (Phosphor)

Causa/Lokalisation

- Erbrechen als Folge von Stress, Überanstrengung und Aufregung
- Einsatz als Konstitutionsmittel, wenn zum Typ des Tieres passend

Leitsymptome

- Erbrechen kurz nach der Futteraufnahme
- Erbrechen von Schleim und Futter bei sensiblen, nervösen Tieren (Phosphor-Typ)
- mehr Blut im Erbrochenen als bei Arsenicum album

Modalitäten

↓ morgens und abends, Wetterwechsel, vor Gewitter, Anstrengung, Geräusche, Gerüche

↑ Ruhe, auch nur kurze Ruhephasen, Schlaf, nach dem Fressen, Zuwendung

Dosierung

2-mal täglich 5 Globuli

▸▸ Pulsatilla pratensis D12 (Wiesenküchenschelle)

Causa/Lokalisation

- Erbrechen als Folge von zu viel, fettem oder kaltem Futter
- Einsatz als Akut- oder als Konstitutionsmittel, wenn zum Typ des Tieres passend

Leitsymptome

- Erbrechen von Galle, Schleim und Ausscheidungen unterschiedlicher Farbe und Konsistenz
- Erbrechen eine Stunde nach dem Fressen
- Erbrechen und Durchfall
- wenig Durst

Modalitäten

↓ abends, nachts, Wärme, Wetterwechsel, vor und während Läufigkeit, im Zimmer, Ruhe

↑ frische Luft und Kühle, Bewegung draußen

Dosierung

2-mal täglich 5 Globuli

Fieber

Beschreibung der Erkrankung und mögliche Ursachen

Fieber ist keine Krankheit, sondern Symptom des körpereigenen Abwehrmechanismus. Durch die Temperaturerhöhung läuft das Immunsystem auf Hochtouren, sodass Krankheitserreger schneller bekämpft werden können.

Symptome

- erhöhte Körpertemperatur
- heiße Haut
- rote oder blasse Schleimhäute
- Schwäche und Apathie

> **Wichtig**
>
> Im Vergleich zum Menschen liegt die normale Körpertemperatur bei Hunden zwischen 38 und 39 °C und bei Katzen zwischen 38,5 und 39 °C. Bei allen Formen von Infektionen und Entzündungen gehört Echinacea zur Basistherapie. Echinacea D2 (3-mal täglich 5 Globuli) kann das homöopathische Simile ergänzen.

Therapie

▸▸ Aconitum napellus C30 (Blauer Eisenhut)

Causa/Lokalisation

- Fieber als Folge von Zugluft und kaltem Wind
- Akut- und Notfallmittel im ersten Stadium einer Infektion mit hohem Fieber; Wechsel zu einem Folgemittel nötig, sobald die Infektion oder Entzündung auf Organe übergreift

Leitsymptome

- plötzlich einsetzendes hohes Fieber über 41 °C mit starkem Durst
- perakuter Krankheitsverlauf, Mittels des Initialfiebers

- Unruhe und Angst
- rote Schleimhäute
- trockene und heiße Haut
- Herzklopfen

Modalitäten

↓ abends, nachts, Wärme, Wind, Berührung, Liegen auf der schmerzhaften Seite
↑ morgens, frische Luft

Dosierung

Bei den ersten Erkältungssymptomen Wasserauflösung: 5 Globuli Aconitum C30 in 100 ml Wasser auflösen, alle halbe Stunde 10 ml mit einer Spritze ohne Nadel ins Maul oder über das Futter geben, bis sich die Beschwerden bessern

▸▸ Belladonna C30 (Tollkirsche)

Causa/Lokalisation

- Fieber als Folge von Hitze, Anstrengung, Schwitzen, Zugluft
- Entzündungen, die mit hohem Fieber, Schwitzen und trockenen Schleimhäuten einhergehen

Leitsymptome

- akutes, hohes Fieber
- trockene, dunkelrote Schleimhäute und Schwitzen
- im Gegensatz zu Aconitum Krankheitsprozess lokalisiert

Modalitäten

↓ nachts, Licht, Geräusche, Berührung, Kälte und Zug, aber auch direkte Sonnenhitze
↑ Ruhe, nach dem Fressen

Dosierung

eine Dosis als Wasserauflösung

▸▸ Ferrum metallicum/Ferrum phosphoricum D12 (metallisches Eisen/Eisenphosphat)

Causa/Lokalisation

- Fieber als Folge einer allgemeinen Abwehrschwäche

Leitsymptome

- rezidivierende Infekte eher schwächlicher Tiere
- Fieber nicht so hoch, aber hartnäckig und rezidivierend
- Schleimhäute abwechselnd rot und blass
- allgemeiner Mangel an Lebenswärme

Modalitäten

↓ Anstrengung, Kälte, Hitze, Mitternacht, Geräusche
↑ leichte Bewegung, morgens

Dosierung

2-mal täglich 5 Globuli

▸▸ Gelsemium D12 (wilder oder gelber Jasmin)

Causa/Lokalisation

- Fieber, mit Schwäche und Apathie beginnend

Leitsymptome

- Fieber beginnt schleichend (Gegensatz zu Aconitum und Belladonna)
- Fieber mit großer Erschöpfung, Schläfrigkeit und Muskelschmerzen
- kein Durst im Fieber

Modalitäten

↓ Erregung, Stress, Bewegung, feuchtes Wetter, vor einem Gewitter
↑ frische Luft

Dosierung

2-mal täglich 5 Globuli

Gebärmutterentzündung (Pyometra)

Beschreibung der Erkrankung und mögliche Ursachen

Eine Gebärmutterentzündung bei nicht kastrierten, weiblichen Tieren kann als offene und geschlossene Pyometra auftreten und tritt nach der Geburt oder 4–8 Wochen nach der Läufigkeit auf und betrifft dort vor allem ältere Tiere.

Nach der Geburt handelt es sich in der Regel um eine akute Gebärmutterentzündung mit Fieber, Inappetenz, starkem Durst, Schwäche und einem Gebärmutterausfluss unterschiedlicher Konsistenz und Farbe. Bei der Pyometra einige Wochen nach der Läufigkeit handelt es sich in der Regel um eine chronische Entzündung, bei der die Symptome weniger stark ausgeprägt sein können. Typisch ist aber auch hier der starke Durst, die Appetitlosigkeit, die unterschiedlich ausgeprägte Mattigkeit und der Ausfluss, während Fieber nicht unbedingt auftreten muss.

Bei einer offenen Pyometra kann Ausfluss, Entzündungssekret und Eiter über den geöffneten Gebärmutterhals abfließen; bei einer geschlossenen Gebärmutterentzündung hingegen sammeln sich Eiter und Sekret in der Gebärmutterhöhle an. Hier handelt es sich um einen klinischen Notfall, da bei zu starker Eiteransammlung die Gefahr eines Durchbruchs in die Bauchhöhle besteht und es zu einer lebensbedrohlichen Bauchfellentzündung (Peritonitis) kommen kann.

Symptome

- Eiteransammlung in der Gebärmutter
- Ausfluss oder Sekret schleimig-eitrig bis rotbraun
- übelriechender Ausfluss
- Juckreiz und Rötung der Scheide
- Schwäche und Apathie
- starker Durst
- Inappetenz
- Fieber

Wichtig

Wie bei anderen Formen von Entzündungen und Infektionen kann Echinacea D2 angustifolia (3-mal täglich 5 Globuli) das homöopathische Simile ergänzen.

Ein Tierarzt ist aufzusuchen, wenn sich bei einer offenen Pyometra nicht innerhalb von 24 Stunden die Beschwerden gebessert haben oder wenn der Verdacht auf eine geschlossene Pyometra (Notfall) besteht.

Therapie

▸▸ Pulsatilla pratensis C30 (Wiesenküchenschelle)

Causa/Lokalisation

- Hauptmittel für Gebärmutterentzündung
- Einsatz als Konstitutionsmittel, wenn zum Typ des Tieres passend

Leitsymptome

- Entzündung mit reichlich dicken, gelbgrünen, milden Ausscheidungen
- unregelmäßige Läufigkeit oder Rolligkeit, meistens ist der Zyklus verzögert und die Läufigkeit/Rolligkeit wenig intensiv
- körperliche Symptome sind wechselhaft, alles verschlechtert sich nach der Läufigkeit/Rolligkeit
- Stimmungsschwankungen: sehr liebebedürftig, kann aber auch zickig sein, wenn es seinen Willen nicht bekommt
- öffnet den Gebärmutterhals, damit der Sekretfluss in Gang kommt, regt die Durchblutung der Gebärmutter an und beschleunigt die Heilung

Modalitäten

↓ abends, nachts, Wärme, Wetterwechsel, vor und während Läufigkeit, im Zimmer, Ruhe

↑ frische Luft und Kühle, Bewegung draußen

Dosierung

Einzelgaben von 5 Globuli; bei rein organotroper Behandlung 3-mal täglich 5 Globuli Pulsatilla D6

▶▶ Sepia C30 (Tintenfisch)

Causa/Lokalisation

- chronische Gebärmutterentzündung bei älteren Tieren
- chronische Gebärmutterentzündung mit Unfruchtbarkeit
- Einsatz als Konstitutionsmittel, wenn zum Typ des Tieres passend

Leitsymptome

- gelbgrüner oder rotbrauner, wundmachender Ausfluss
- Juckreiz und Rötung der Scheide
- schlaffe Haut, Hängebauch, hängendes Gesäuge, schlaffe Zitzen
- Uterus schlaff und groß, hängt tief in das Abdomen
- reizbare, aggressive oder trübsinnig-depressive, ängstliche Tiere

Modalitäten

↓ vor und im Östrus, Kälte, Stress, Anstrengung
↑ Bewegung, im Freien, Wärme

Dosierung

Einzelgaben von 5 Globuli

Gesäugeentzündung (Mastitis)

Beschreibung der Erkrankung und mögliche Ursachen

Mastitiden sind Entzündungen und Verhärtungen des Milchdrüsengewebes nach der Geburt bei Hündinnen oder weiblichen Katzen. Infolge eines Milchstaus können sich Bakterien im Gesäuge vermehren und zu einer Mastitis führen. Seltener kann es auch in der Phase der Scheinträchtigkeit zu einer Gesäugeentzündung kommen.

Symptome

- Gesäuge hart, geschwollen und überwärmt
- schmerzhaftes Gesäuge
- Milchfluss
- wässriges oder dicklich-eitriges Sekret
- knotige Veränderungen am Gesäuge
- Abszessbildung
- Fieber

Wichtig

Wenn die weiblichen Tiere unter starken Mastitisschmerzen leiden, stoßen sie ihre Welpen bzw. Kitten oft ab, wenn diese Milch trinken wollen. Daher ist eine rasche Behandlung notwendig, damit die Tierbabys ausreichend versorgt werden und der Milchstau nicht weiter zunimmt. Lässt die Mutter ihre Welpen oder Kitten trinken, können Bakterien übertragen werden. Also ist auch von daher eine schnelle Behandlung wichtig.

Therapie

▶▶ Apis mellifica D4 (Honigbiene)

Causa/Lokalisation

- akute Mastitis mit Fieber

Leitsymptome
- starke ödematöse Schwellung des Gesäuges
- starke Schmerzen
- Rötung
- Fieber möglich

Modalitäten
↓ nachts, Wärme, Bewegung, Berührung, Schlaf
↑ Kälte, frische Luft, kalte Umschläge

Dosierung
3-mal täglich 5 Globuli

▸▸ Hepar sulfuris D3/D12 (Kalkschwefelleber)

Causa/Lokalisation
- akute Mastitis mit beginnender Abszedierung

Leitsymptome
- starke Schmerzen
- Berührungsempfindlichkeit
- eitriges Sekret mit säuerlichem Geruch oder Geruch nach altem Käse
- Abszessbildung

Modalitäten
↓ Kälte und Zugluft, Berühren der erkrankten Stellen
↑ Wärme, warme Umschläge

Dosierung
Tiefpotenzen (D3) fördern die Reifung und Eröffnung des Eiterherds, Eiter kann abfließen; Hochpotenzen (D12) dämmen den Eiterprozess ein

▸▸ Mercurius solubilis D12 (Quecksilber)

Causa/Lokalisation
- subakute und chronische Mastitis

Leitsymptome

- Gesäuge hart und geschwollen
- Milch flüssig oder dick
- Blutungen des Gesäuges
- knotige Veränderungen am Gesäuge

Modalitäten

↓ Kälte und Wärme, nachts
↑ gemäßigte Temperaturen, Ruhe

Dosierung

2-mal täglich 5 Globuli

▸▸ Phytolacca D6 (Kermesbeere)

Causa/Lokalisation

- Bezug zu Drüsen generell
- Hauptmittel für Mastitis

Leitsymptome

- Gesäuge hart, geschwollen, heiß
- starke Schmerzen
- knotige Veränderungen
- wässriges oder dicklich-eitriges Sekret

Modalitäten

↓ Bewegung, nasskaltes Wetter, nachts, warmes Trinken (Halsschmerzen)
↑ Ruhe, kaltes Wasser

Dosierung

3-mal täglich 5 Globuli

▸▸ Silicea D12 (Kieselsäure)

Causa/Lokalisation

- chronische und chronisch-rezidivierende Mastitis
- Einsatz als Konstitutionsmittel, wenn zum Typ des Tieres passend

Leitsymptome

- Nachbehandlung zur Ausheilung von Gesäuge-Abszessen

Modalitäten

↓ Kälte, kaltes Wasser
↑ Wärme, Sommer, feuchtes und nasses Wetter

Dosierung

2-mal täglich 5 Globuli

Haarausfall, Fellstoffwechselstörung

Beschreibung der Erkrankung und mögliche Ursachen

Fellstoffwechselstörungen wie Haarausfall, Haarbruch, glanzloses, struppiges oder fettiges Fell treten als Folge unterschiedlicher Ursachen wie Leber- und Nierenschwäche, Stoffwechselüberlastung oder als hormonelle Folge auf und sollten möglichst ganzheitlich durch das passende homöopathische Konstitutionsmittel behandelt werden.

Symptome

- Haarausfall, Haarbruch
- trockene, schuppige oder gerötete Haut
- glanzloses, struppiges oder fettiges Fell

Wichtig

Meistens treten auch Ekzeme und andere Hautaffektionen auf (▸ Ekzeme).

Therapie

▸▸ Lycopodium D12 (Bärlapp)

Causa/Lokalisation

- Fellstoffwechselstörungen als Folge einer Leber- oder Nierenbelastung
- Einsatz als Konstitutionsmittel, wenn zum Typ des Tieres passend

Leitsymptome

- Haarbruch und Haarausfall
- stumpfes, trockenes Fell
- Hautaffektionen mit Juckreiz und nässenden Ekzemen

Modalitäten

↓ Wärme, Ruhe, von 16–20 Uhr, rechte Seite

↑ Bewegung, kühle Luft, nach Mitternacht

Dosierung
2-mal täglich 5 Globuli

▶▶ Natrium chloratum C30 (Kochsalz)

Causa/Lokalisation
- Fellstoffwechselstörungen als Folge von Ernährungsstörungen
- Einsatz als Konstitutionsmittel, wenn zum Typ des Tieres passend

Leitsymptome
- Haarausfall
- stumpfes, struppiges Fell
- schuppig-nässende Ekzeme oder trockene Haut und Haare

Modalitäten
↓ morgens, Stress und Kummer, Frühling bis Herbst, Sonnenhitze, feuchtkaltes Wetter, an der See
↑ abends, trockenes warmes Wetter, Rückenlage

Dosierung
Einzeldosen im 2–3-wöchigen Abstand

▶▶ Sepia D12 (Tintenfisch)

Causa/Lokalisation
- Fellstoffwechselstörungen als Folge hormoneller Umstellungen, beispielsweise nach Geburt, Läufigkeit oder Rolligkeit
- Dermatomykose mit schuppiger, geröteter Haut und partiellem Haarausfall
- Einsatz als Konstitutionsmittel, wenn zum Typ des Tieres passend

Leitsymptome
- Juckreiz
- Haarausfall
- struppiges Fell
- trockene, schuppige Hautbeschwerden
- pustulöse, nässende, seborrhoische Ekzeme

Modalitäten

↓ vor und im Östrus, Kälte, Stress, Anstrengung
↑ Bewegung, im Freien, Wärme

Dosierung

2-mal täglich 5 Globuli

▸▸ Sulfur D12 (Schwefel)

Causa/Lokalisation

- Fellstoffwechselstörungen als Folge einer Stoffwechselüberlastung
- Einsatz als Reaktions-, Zwischen- oder Aufklärungsmittel, um die Selbstheilungskräfte anzuregen – auch bei Fellstoffwechselstörungen, Haut- und Haarproblemen nach schulmedizinischer Unterdrückung durch Behandlung mit Cortison

Leitsymptome

- Haarausfall
- Fellwechsel ist verzögert und verlängert, Unterwolle geht beim Fellwechsel schlecht raus
- trockene, gerötete, juckende und schuppige Haut
- struppiges und klebriges Fell
- trockene Ekzeme, Furunkel und pustulöse Ekzeme
- Rhagaden, Wundheit in den Hautfalten
- unangenehmer Haut- und Körpergeruch (tierartspezifisch)
- Tiere wirken unsauber und ungepflegt

Modalitäten

↓ abends und nachts, Nässe und Kälte, nach dem Waschen, Ruhe
↑ trockenes warmes Wetter, Bewegung und Anstrengung

Dosierung

2-mal täglich 5 Globuli

Husten

Beschreibung der Erkrankung und mögliche Ursachen

Husten ist keine eigenständige Erkrankung, sondern ein unspezifisches Symptom, für das viele Ursachen in Frage kommen. Insbesondere junge, ältere oder immunschwache Tiere sind anfällig für virale und bakterielle Infektionserkrankungen, bei denen es neben anderen Beschwerden auch zu Husten kommt. Als weitere Ursache kommt allergisches Asthma in Frage (▸ Allergie der Atemwege).

Auch Lungenwürmer oder Tumoren können mit Husten einhergehen. Grundsätzlich gilt daher, auch für den unten erwähnten Herzhusten oder Fremdkörper als Ursache, dass eine diagnostische Abklärung erfolgen sollte, wenn die homöopathische Behandlung die Symptomatik nicht bessert.

Symptome

- Husten unterschiedlicher Art: anfallsartig, trocken oder feucht, laut oder leise, heiser, bellend, hart oder krampfhaft
- Atemnot oder Atembeschwerden wie flache, keuchende oder rasselnde Atmung
- Würgen
- Auswurf unterschiedlicher Art: schleimiger oder blutiger Auswurf, zäher Schleim
- trockene Schleimhäute
- Fieber
- Apathie
- Durst oder Durstlosigkeit

Wichtig

Vor allem junge Hunde oder Katzen können beim Spiel und Erkunden kleinere Fremdkörper, z. B. Grashalme, einatmen. Diese können in den Nasenwegen steckenbleiben, die Schleimhaut reizen und zu Atembeschwerden und Husten führen.

Husten kann auch Folge einer Herzinsuffizienz sein. Herzhusten ist ein schwacher, unproduktiver Husten, der sich nachts, im Liegen oder durch Aufregung und körperliche Anstrengung verschlechtert. Zudem leiden betroffene Tiere unter Leistungsschwäche, blassen oder durch Sauerstoffunterversorgung bläulich-roten Schleimhäuten, erhöhter Atemfrequenz und häufig erniedrigter Körpertemperatur. Ein Herzhusten wird nicht auf die nachfolgenden homöopathischen Mittel ansprechen. Sollte der Vierbeiner Symptome zeigen, die auf eine Herzerkrankung hindeuten, bedarf dies einer diagnostischen Abklärung durch einen Tierheilpraktiker oder – falls Ultraschall oder EKG nötig sind – durch einen Tierarzt (▸Altersherz). Zu beachten ist auch, dass verschleppte Atemwegsinfektionen das Herz sekundär schädigen können.

Therapie

▸▸ Acidum formicicum D12 (Ameisensäure)

Causa/Lokalisation

- Husten als Folge von allergischem Asthma (▸Allergie der Atemwege)

Leitsymptome

- Acidum formicicum wird mit dem homöopathischen Simile kombiniert

Modalitäten

↓ Kälte, Nässe, Bewegung

↑ Wärme, Druck, Ruhe

Dosierung

2-mal täglich 5 Globuli

▸▸ Aconitum C30 (Blauer Eisenhut)

Causa/Lokalisation

- Anfangsmittel bei Erkältungen und Fieber als Folge von Kälte und Zugluft

Leitsymptome

- perakuter Krankheitsverlauf: alles beginnt akut und plötzlich
- alles „heftig und plötzlich" und mit Angst und Unruhe verbunden
- wenn Infektion auf Organe übergreift, andere Mittel verwenden

Modalitäten

↓ abends, nachts, Wärme, Wind, Berührung, Liegen auf der schmerzhaften Seite
↑ morgens, frische Luft

Dosierung

bei den ersten Erkältungssymptomen Wasserauflösung: 5 Globuli Aconitum C30 in 100 ml Wasser auflösen und alle halbe Stunde 10 ml mit einer Spritze ohne Nadel ins Maul oder über das Futter geben, bis sich die Beschwerden bessern

▸▸ Belladonna C30 (Tollkirsche)

Causa/Lokalisation

- Entzündungen, die mit hohem Fieber, Schwitzen und trockenen Schleimhäuten einhergehen
- wird nach Aconitum eingesetzt, wenn sich die Entzündung auf ein Organ lokalisiert, z. B. im akuten Stadium des Zwingerhustens oder bei einer Lungenentzündung infolge Durchnässung

Leitsymptome

- anfallsartiger, trockener, lauter und heiserer Husten
- eventuell wenig weißes Sputum
- keuchende Atmung, Atemnot
- Würgen
- Niesen

- Fieber
- trockene Schleimhäute
- Apathie

Modalitäten

↓ nachts, Licht, Geräusche, Berührung, Kälte und Zug, aber auch direkte Sonnenhitze
↑ Ruhe, nach dem Fressen

Dosierung

Einzelgaben von 5 Globuli oder Wasserauflösung

▶▶ Bryonia D6 (Zaunrübe)

Causa/Lokalisation

- akute Bronchitis mit Fieber, wenig Schleimauswurf und trockenem Husten
- auch bei Lungenentzündung bewährt

Leitsymptome

- trockener, harter und krampfartiger Husten
- Atmung schmerzhaft, daher flach und schnell
- Schmerz im Interkostalraum: Tiere wollen sich nicht bewegen
- Fieber
- starker Durst

Modalitäten

↓ Bewegung, Berührung, Wärme, morgens, Anstrengung
↑ Ruhe, leichter Gegendruck, Kälte

Dosierung

3-mal täglich 5 Globuli

▶▶ Causticum D6 (Ätzkalk)

Causa/Lokalisation

- chronische Bronchitis, häufig durch trockene Kälte verursacht

Leitsymptome

- trockener, harter, krampfartiger Husten
- Heiserkeit bis Stimmlosigkeit: erkennbar beim Bellen oder Miauen
- Husten stärker nachts und im Liegen
- Trinken von kaltem Wasser bessert den Husten

Modalitäten

↓ schönes und kaltes Wetter, Aufregung und Schreck
↑ feuchtes Wetter, warme Luft, Durchnässung

Dosierung

3-mal täglich 5 Globuli

▸▸ Drosera D6 (Sonnentau)

Causa/Lokalisation

- akuter schmerzhafter, bronchialer Reizhusten
- Keuchhusten
- Asthma bronchiale
- Zwingerhusten des Hundes, folgt nach dem Belladonna-Stadium

Leitsymptome

- spastischer, trockener und quälender Husten
- Husten sehr tief und heiser
- Hustenanfälle folgen schnell aufeinander
- Erstickungsanfälle, Würgen und Brechreiz
- kleine Mengen zäher Schleim, der von den Tieren nur schwer ausgehustet oder ausgewürgt werden kann

Modalitäten

↓ nach Mitternacht, Hinlegen, Warmwerden, Trinken
↑ frische Luft, Druck, Gehen, Bewegung, Aufsitzen, Stille

Dosierung

3-mal täglich 5 Globuli

▸▸ Ferrum metallicum D6 (metallisches Eisen)

Causa/Lokalisation

- Husten als Folge verminderter körperlicher Abwehrkraft
- Husten in Kombination mit chronisch-rezidivierenden Infekten, häufig bei jungen, schwächlichen und anämischen Tieren

Leitsymptome

- trockener Husten
- schleimiger, eventuell leicht blutiger Auswurf
- Atemnot
- länger anhaltendes leichtes Fieber
- Husten schlechter im Liegen

Modalitäten

↓ Anstrengung, Kälte, Hitze, Mitternacht, Geräusche
↑ leichte Bewegung, morgens

Dosierung

3-mal täglich 5 Globuli

▸▸ Phosphorus C30 (gelber Phosphor)

Causa/Lokalisation

- akute und chronische Bronchitis mit trockenem Husten
- auch bei Lungenentzündung bewährt
- Einsatz als Konstitutionsmittel, wenn zum Typ des Tieres passend

Leitsymptome

- trockener, schmerzhafter Husten
- wenig zähschleimiger, eventuell blutiger Auswurf
- Atemnot
- Husten durch kühle Luft, abends und nachts
- Husten verschlechtert sich bei oder durch Futteraufnahme

Modalitäten

↓ morgens und abends, Wetterwechsel, vor Gewitter, Anstrengung, Geräusche und Gerüche

↑ Ruhe, auch nur kurze Ruhephasen, Schlaf, nach dem Fressen, Zuwendung

Dosierung

Einzelgaben von 5 Globuli; bei rein organotroper Anwendung 3-mal täglich 5 Globuli Phosphorus D6

▸▸ Silicea C30 (Kieselsäure)

Causa/Lokalisation

- chronische Bronchitis als Folge erhöhter Infektanfälligkeit bei schwächlichen, mageren, im Wachstum zurückgebliebenen Tieren
- Einsatz als Konstitutionsmittel, wenn zum Typ des Tieres passend

Leitsymptome

- Silicea-Typen sind kalt, fröstelnd mit Mangel an Lebenswärme, erkälten sich leicht
- allgemein schlechter Ernährungszustand mit erhöhter Infektanfälligkeit und Neigung zu Atemwegsinfektionen

Modalitäten

↓ Kälte, kaltes Wasser

↑ Wärme, Sommer, feuchtes und nasses Wetter

Dosierung

Einzelgaben von 5 Globuli

▸▸ Sulfur C30 (Schwefel)

Causa/Lokalisation

- Husten und Atemwegsbeschwerden nach Unterdrückung von Hautbeschwerden
- Einsatz als Reaktions-, Zwischen- oder Aufklärungsmittel zum Anregen des Stoffwechsels und der Selbstheilungskräfte

Leitsymptome

- trockener Husten
- Atemwegsbeschwerden können von einer leichten Erkältung bis hin zu einer Lungenentzündung reichen

Modalitäten

↓ abends und nachts, Nässe und Kälte, nach dem Waschen, Ruhe
↑ trockenes warmes Wetter, Bewegung und Anstrengung

Dosierung

Einzelgaben von 5 Globuli

▶▶ Thuja C30 (Lebensbaum)

Causa/Lokalisation

- Husten als Folge einer Impfung

Leitsymptome

- Atemwegsbeschwerden können von einer leichten Erkältung bis hin zu einer Lungenentzündung reichen

Modalitäten

↓ abends, nachts, Kälte und Nässe, Wetterwechsel
↑ Bewegung, Wärme

Dosierung

nach der Impfung 3 Tage lang je 5 Globuli (▸ Impfbegleitung, Impfreaktion)

Impfbegleitung, Impfreaktion

Beschreibung der Erkrankung und mögliche Ursachen

Bei Hund und Katze können Impfungen zu ungewollten lokalen oder systemischen Impfreaktionen führen. Das Immunsystem des Tieres kann durch die Impfung überfordert sein und reagiert mit Impfreaktionen wie unten beschrieben. Kranke und immunschwache Tiere oder Tiere, die beispielsweise unter Wurmbefall leiden, sollten daher möglichst nicht geimpft werden, bis sich Allgemeinbefinden und Krankheitsbild gebessert haben.

Es sind auch allergische Reaktionen auf einen Impfwirkstoff wie Durchfall und Erbrechen, Urtikaria oder Atembeschwerden möglich.

Impfreaktionen bemerkt der Tierhalter in der Regel direkt nach der Impfung bis zu einigen Tagen danach.

Symptome

- Erschöpfung und Müdigkeit
- Appetitlosigkeit
- Juckreiz oder Hautausschlag
- Fieber
- frösteln
- Schwellung der Impfstelle
- eitriger Abszess an der Impfstelle

Wichtig

Schlimmstenfalls kann als Nebenwirkung einer Impfung ein Bindegewebstumor, ein sogenanntes Sarkom auftreten. Ein Sarkom zeigt sich an den bevorzugten Impfstellen zwischen den Schulterblättern oder seitlich am Brustkorb. Der Tumor ist maligne und breitet sich schnell aus, streut in Muskeln und Knochen und häufig auch in Lymphknoten oder die Lunge. Bleibt eine Schwellung nach der Impfung mehr als einige Wochen oder vergrößert sich sogar, sollte diese diagnostisch abgeklärt werden.

Therapie

▶▶ Okoubaka D6 (Schwarzafrikanischer Rindenbaum)

Causa/Lokalisation

- Durchfall und Verdauungsbeschwerden als Folge einer Impfung
- Einsatz zur Ausleitung resttoxischer Symptome, wenn sich die Tiere nach der Impfung nur langsam erholen

Leitsymptome

- Übelkeit
- wundmachende, wässrige, graugrüne und unwillkürliche Durchfälle
- Bauchschmerzen
- Blähungen

Modalitäten

↓ Arzneimittel, Toxine
↑ Fasten

Dosierung

3-mal täglich 5 Globuli über 3 Wochen

▶▶ Silicea C30 (Kieselsäure)

Causa/Lokalisation

- Infektionen, Haut- und Verdauungsbeschwerden als Folge einer Impfung
- Einsatz bei Tieren mit erhöhter Infektanfälligkeit, einem Mangel an Lebenswärme und einem schlechten Ernährungszustand
- Einsatz als Konstitutionsmittel, wenn zum Typ des Tieres passend

Leitsymptome

- erhöhte Temperatur, Fieber oder starkes Frösteln
- Übelkeit, Erbrechen und Durchfall
- Inappetenz und Abmagerung
- Erschöpfung
- Hautekzeme
- eitriger Abszess an der Impfstelle

Modalitäten

↓ Kälte, kaltes Wasser
↑ Wärme, Sommer, feuchtes und nasses Wetter

Dosierung

nach der Impfung 3 Tage lang je 5 Globuli

▸▸ Sulfur C30 (Schwefel)

Causa/Lokalisation

- Haut-, Atemwegs- und Verdauungsbeschwerden als Folge einer Impfung
- Einsatz als Reaktions- oder Aufklärungsmittel zum Anregen der Selbstheilungskräfte und zur Leberentgiftung, um Toxine zur Ausscheidung zu bringen

Leitsymptome

- Juckreiz
- Hautausschläge und Ekzeme
- Hautausschläge im Wechsel mit Durchfall oder Asthma

Modalitäten

↓ abends und nachts, Nässe und Kälte, nach dem Waschen, Ruhe
↑ trockenes warmes Wetter, Bewegung und Anstrengung

Dosierung

nach der Impfung 3 Tage lang je 5 Globuli

▸▸ Thuja C30 (Lebensbaum)

Causa/Lokalisation

- Hauptmittel zur Impfbegleitung und Linderung von Impfreaktionen
- Atemwegsbeschwerden nach einer Impfung
- Einsatz als Konstitutionsmittel, wenn zum Typ des Tieres passend

Leitsymptome

- Übelkeit und Durchfall
- Warzen, blumenkohlartige und schwammige Wucherungen

- Schnupfen und Husten
- Lähmungen des Beins an der Impfseite

Modalitäten

↓ abends, nachts, Kälte und Nässe, Wetterwechsel
↑ Bewegung, Wärme

Dosierung

nach der Impfung 3 Tage lang je 5 Globuli

Insektenstich, Zeckenbiss

Beschreibung der Erkrankung und mögliche Ursachen

An sich sind Zeckenbisse für Hunde und Katzen nicht gefährlich. Allerdings können sie Krankheiten wie Borreliose, Anaplasmose, Babesiose oder FSME übertragen. Je länger sich die Zecke in der Haut festgebissen hat, desto größer ist das Erkrankungsrisiko.

Symptome

- ödematöse oder verhärtete Schwellung an der Stich- bzw. Bisswunde
- hellrote bis bläuliche Verfärbung
- Juckreiz
- Schmerzen
- bei Zeckenbissen: Hautrötung um den Zeckenbiss, Fieber, Inappetenz und Übelkeit, Bewegungsstörungen oder Lähmungen

Wichtig

Hunde sind durch Zeckenbisse gefährdeter als Katzen. Sie sind anfälliger für die genannten Zeckenkrankheiten und haben oft weniger langes, dichtes Fell, wodurch sich die Zecken besser festbeißen können. Bienen- und Wespenstiche können mitunter sehr schmerzhaft sein, wodurch die Tiere aggressiv reagieren können (schmerzbedingte Aggression).

Therapie

▸▸ Apis mellifica C30 (Honigbiene)

Causa/Lokalisation

- Bienen- bzw. Wespenstich, Zeckenbiss

Leitsymptome

- ödematöse, hellrote, glasige und heiße Schwellung
- starke Schmerzhaftigkeit

Modalitäten

↓ nachts, Wärme, Bewegung, Berührung, Schlaf
↑ Kälte, frische Luft, kalte Umschläge

Dosierung

eine Dosis zu 5 Globuli oder als Wasserauflösung: direkt nach dem Stich oder Biss 5 Globuli Apis C30 in 100 ml Wasser auflösen, alle halbe Stunde 10 ml mit einer Spritze ohne Nadel ins Maul oder über das Futter geben, bis zur Besserung

▸▸ Ledum C30 (Sumpfporst)

Causa/Lokalisation

- Bienen- oder Wespenstich, Zeckenbiss, Flohbiss

Leitsymptome

- kleine, druckempfindliche, rot-bläuliche Verhärtung mit schlechter Heiltendenz

Modalitäten

↓ nachts, Wärme und Berührung
↑ Kälte, kalte Umschläge

Dosierung

eine Dosis zu 5 Globuli oder als Wasserauflösung: direkt nach dem Stich oder Biss 5 Globuli Ledum C30 in 100 ml Wasser auflösen, alle halbe Stunde 10 ml mit einer Spritze ohne Nadel ins Maul oder über das Futter geben, bis zur Besserung

▸▸ Staphisagria D6 (Stephanskraut)

Causa/Lokalisation

- Bienen- bzw. Wespenstich, Zeckenbiss

Leitsymptome

- gerötete, kleine Schwellung mit schlechter Heiltendenz
- Juckreiz

Modalitäten
↓ Kälte, morgens nach dem Schlaf, Ärger und Kummer, Berührung der betroffenen Teile
↑ Wärme, Ruhe, Bewegung an frischer Luft

Dosierung
3-mal täglich 5 Globuli

Knochenbruch

Beschreibung der Erkrankung und mögliche Ursachen

Die langen Röhrenknochen am Oberschenkel sind bei Hund und Katze häufig von Frakturen betroffen, genauso wie Beckenbrüche. Ursache bei Hunden ist meist ein Verkehrsunfall, bei Katzen hingegen ein Sturz aus großer Höhe. Generell gehören Knochenbrüche oder jeder Verdacht auf einen Knochenbruch in die Hand eines Tierarztes.

Die nachfolgenden homöopathischen Mittel können die schulmedizinische Versorgung unterstützen, die Knochenheilung fördern sowie Schmerzen und den Schock nach dem erlittenen Trauma lindern.

Symptome

- starke Schmerzen
- hochgradige Lahmheit
- Entlastung der betroffenen Gliedmaße
- Schwellung um die Bruchstelle herum

Wichtig

Arnica begleitet bei jeder Art von traumatischer Verletzung die nachfolgenden homöopathischen Mittel. Arnica fördert die Blutstillung, lindert die Schmerzen und verbessert die Wundheilung. Zudem kann es einem Schockzustand entgegenwirken oder vorbeugen. Sollten die Tiere mit großer Angst und Panik auf das erlittene Trauma reagieren, wird alternativ eine Gabe Aconitum C30 gegeben.

Symphytum und Calcium phosphoricum können in Kombination gegeben werden.

Symphytum kann auch äußerlich bei Wunden eingesetzt werden, bei denen Knochenhaut und Knochen betroffen sind. Eventuell mit Calendula-Essenz kombinieren.

Therapie

▶▶ Arnica C30 (Bergwohlverleih)

Causa/Lokalisation

- Knochenbruch als Folge einer stumpfen Verletzung, Sturz, Schlag oder Kontusion
- Folge von Schreck und Schock, das heißt Einsatz bei seelischen Beschwerden und Verhaltensstörungen wie Automutilation nach einem Trauma, dass zu dem Knochenbruch geführt hat

Leitsymptome

- Schmerzen
- Blutung
- Schock

Modalitäten

↓ Bewegung, Berührung
↑ Ruhe, Liegen

Dosierung

eine Gabe Arnica C30 direkt nach dem traumatischen Ereignis

▶▶ Calcium phosphoricum D12 (Calciumhydrogenphosphat)

Causa/Lokalisation

- Knochenstoffwechsel
- Beziehung zu Knochennähten und Symphysen

Leitsymptome

- schlecht heilende Knochenbrüche
- Probleme des Knochenstoffwechsels mit verzögerter Knochenheilung, mangelnder Knochenfestigkeit und mangelnder Regeneration des Knochengewebes nach einem Knochenbruch
- Tiere mit dünnen Knochen, schlaffer Haltung und verdickten Epiphysen am Carpus

Modalitäten
↓ Kälte, Wetterwechsel
↑ Wärme

Dosierung
2-mal täglich 5 Globuli

▸▸ Silicea D12 (Kieselsäure)

Causa/Lokalisation
- Knochenstoffwechsel: Silicea kann nach einem Knochenbruch das Wachstum des Knochens fördern

Leitsymptome
- schlecht heilende Knochenbrüche
- Knochenschmerzen

Modalitäten
↓ Kälte, kaltes Wasser
↑ Wärme, Sommer, feuchtes und nasses Wetter

Dosierung
2-mal täglich 5 Globuli

▸▸ Symphytum D2 (Beinwurz, Beinwell)

Causa/Lokalisation
- Folge von Knochenbrüchen
- Beziehung zu Knochen und Periost (Knochenhaut)

Leitsymptome
- Knochenbrüche, vor allem bei frischen und bei schlecht heilenden Knochenbrüchen
- schlechte Heilung von Knochenbrüchen: Symphytum fördert die Kallusbildung bei Knochenbrüchen und beschleunigt das Zusammenwachsen der Knochenenden
- Verletzung von Knochen und Knochenhaut
- Schmerzen

Modalitäten
↓ Berührung, heftige und ruckartige Bewegungen
↑ keine Angaben

Dosierung
3-mal täglich 5 Globuli

Knochenhautentzündung

Beschreibung der Erkrankung und mögliche Ursachen

Traumatische Verletzungen wie Schlag, Stoß, Distorsion oder Knochenbruch können zu einer Reizung und Entzündung der Knochenhaut – auch als Periost bezeichnet – führen. Eine Knochenhautentzündung wird als Periostitis bezeichnet.

Symptome

- akute Lahmheit
- Schmerzen
- Bewegungsstörungen
- entzündliche Schwellung

Wichtig

Wie bereits unter „Knochenbruch" beschrieben, kann auch bei Knochenhautentzündungen Arnica als Anfangsmittel jeder Art von traumatischer Verletzung die nachfolgenden homöopathischen Mittel begleiten

Therapie

▸▸ Calcium fluoratum D12 (Calciumfluorid)

Causa/Lokalisation

- Bindegewebe
- Knochenstoffwechsel

Leitsymptome

- chronische Knochenhautentzündung mit Exostosenbildung
- allgemeine Bänderschwäche
- gestörter Knochenstoffwechsel, degenerative und deformierende Erkrankungen am Knochen

Modalitäten
↓ feuchtheißes Wetter, Ruhe, Wetterwechsel
↑ Wärme, Bewegung

Dosierung
2-mal täglich 5 Globuli

▶▶ Ruta D6 (Gartenraute, Edelraute)

Causa/Lokalisation
- Verletzung von Periost, Sehnengewebe und Bandansätzen
- Knochenhautschaden als Folge von mechanischen Verletzungen und Traumata, z. B. durch Quetschung, Schlag oder Sturz

Leitsymptome
- Irritationen der Knochenhaut mit Knochenhautentzündung und Knochenwucherungen
- akute und chronische Knochenhautentzündungen

Modalitäten
↓ Ruhe, aber auch Überanstrengung, nasses und kaltes Wetter
↑ Bewegung, Wärme

Dosierung
3-mal täglich 5 Globuli

▶▶ Symphytum D2 (Beinwurz, Beinwell)

Causa/Lokalisation
- Knochenhaut (Periost)
- Knochen
- Sehnen und Bänder
- Folge traumatischer Verletzungen

Leitsymptome
- Verletzungen von Knochen und Knochenhaut
- Knochenhautentzündungen
- Knochenwucherungen (Exostosen)

Modalitäten

↓ Berührung, heftige und ruckartige Bewegungen
↑ keine Angaben

Dosierung

3-mal täglich 5 Globuli

Kolik

Beschreibung der Erkrankung und mögliche Ursachen

Koliken bei Hunden und Katzen äußern sich in sehr starken, wellenförmig wiederkehrenden Schmerzen. Neben dem Darm kann es auch zu Koliken der Gallenblase, Niere (▸ Nierenentzündung) oder Harnblase kommen.

Symptome

- Schmerzen
- gekrümmter Rücken
- gespannte, berührungsempfindliche Bauchdecke
- Blähungen
- Obstipation
- Diarrhö
- hörbare Darmgeräusche
- Unruhe durch die Schmerzen, Tiere wechseln häufig ihre Liegeposition

Wichtig

Bei akuten Kolikschmerzen kann auch eine Stoßtherapie – alle 15–30 Minuten eine Dosis des passenden homöopathischen Mittels – angewendet werden. Bei Besserung der Beschwerden ist die Dosis auf 3-mal täglich zu reduzieren.

Falls es die Tiere zulassen, können sanfte Massagen des Bauchbereichs und Wärmeanwendungen (Wärmeflasche, feuchtwarme Bauchwickel) helfen, die Kolikbeschwerden zu lindern.

Sollten sich die Beschwerden nicht bessern, sollte ein Tierarzt zu Rate gezogen werden. Eventuell sind Gallensteine die Ursache; zudem können sich Koliksymptome bis zu einem Darmverschluss steigern. Wenn Tiere länger keinen Stuhl abgesetzt haben und wiederholt und in kürzeren Abständen erbrechen, unruhig oder apathisch sind, ist sofort ein Tierarztbesuch nötig. Jeder Verdacht auf einen Darmverschluss ist bereits ein Notfall, es handelt sich um eine lebensbedrohliche Erkrankung.

Therapie

▸▸ Chamomilla D6 (Kamille)

Causa/Lokalisation

- Kolik durch Aufregung und Ärger

Leitsymptome

- spastische Kolik
- Bauchschmerzen, die bis in die Lebergegend ausstrahlen
- Blähbauch und Blähungen
- Tiere sind äußerst schmerzempfindlich, übellaunig, gereizt und unruhig

Modalitäten

↓ nachts, Berührung, Aufregung, feuchtkaltes Wetter, Wärme
↑ Bewegung: Beschwerden bessern sich, wenn die Patienten herumgetragen werden

Dosierung

3-mal täglich 5 Globuli

▸▸ Colocynthis D6 (Koloquinte)

Causa/Lokalisation

- wichtigstes Kolikmittel neben Nux vomica
- Kolik der Hohlorgane des Bauchraums: Magen, Darm, Gallenblase, Harnleiter
- Kolik als Folge von emotionalen Belastungen
- Gallenkoliken

Leitsymptome

- Krampfkoliken mit starken Schmerzen im Abdomen mit Besserung durch Zusammenkrümmen
- kolikartige und neuralgische Schmerzen durch Aufregung und Ärger
- Schmerzen sind heftig, einschießend, schneidend, kolikartig und spastisch; Gefühl des Zusammenschnürens „wie mit eisernen Klammern“

- anfallsartige oder periodische Schmerzen
- spastische Obstipation mit Schafskot oder schleimigem, hellgelbem Stuhl
- Übelkeit, explosionsartiges Erbrechen, oft von Galle

Modalitäten

↓ Berührung, Ärger, Futteraufnahme

↑ Zusammenkrümmen, Druck auf den Bauch, Wärme, Ruhe, Stuhlentleerung oder Abgang von Blähungen

Dosierung

3-mal täglich 5 Globuli

▸▸ Nux vomica D12 (Brechnuss)

Causa/Lokalisation

- Kolik nach hastigem Fressen, Futterabusus oder nicht artgerechter Ernährung
- Kolik als Folge von Stress, emotionaler Überforderung und körperlicher bzw. seelischer Anspannung
- Höhepunkt der Kolikbeschwerden 1–2 Stunden nach der Futteraufnahme
- Hyperästhesie der Sinnesreize wirkt sich auf den Magen-Darm-Trakt aus

Leitsymptome

- spastische Kolik
- gekrümmter Rücken und gespannte Bauchdecke
- Blähungen
- hörbare Darmgeräusche
- Kotdrang
- Durchfall abwechselnd mit Verstopfung und Erbrechen
- Tiere sind unruhig, gereizt – vor allem wenn sie zu wenig Auslauf und Beschäftigung erhalten – und berührungs- und geräuschempfindlich

Modalitäten

↓ frühmorgens zwischen 3 und 4 Uhr, Kälte und Wind, Lärm, Berührung, Überanstrengung
↑ abends, Wärme, Ruhe

Dosierung

2-mal täglich 5 Globuli

Lähmung (Parese)

Beschreibung der Erkrankung und mögliche Ursachen

Lähmungen können traumatisch bedingt sein (Unfälle, Stürze, Verletzungen) oder durch eine neurologische Schädigung von Gehirn, Rückenmark und Nerven verursacht werden. Druck auf die Nerven der Wirbelsäule durch einen Bandscheibenvorfall oder einen Tumor können zu einer Lähmung der hinter dem raumfordernden Prozess liegenden Teile der Wirbelsäule führen.

Symptome

- Koordinationsstörungen
- verändertes Gangbild und Bewegungsstörungen: Ataxie
- Gliedmaßen oder andere Körperteile hängen schlaff herunter
- Zittern
- Schwäche
- Harn- und Stuhlinkontinenz
- bei chronischen Lähmungen kommt es zur Muskelatrophie
- körperliche Beschwerden aufgrund anderer lokaler Lähmungen, z. B. Bindehaut- oder Hornhautentzündungen durch Augenlidlähmung, Stimmlosigkeit und Atembeschwerden durch eine Kehlkopflähmung oder Schluckbeschwerden durch eine Lähmung der Speiseröhrenmuskulatur

Wichtig

Es gilt, zwischen spastischen und schlaffen Lähmungen zu unterscheiden. Spastische Lähmungen zeigen sich durch eine vermehrte Muskelspannung. Ursache einer spastischen Lähmung sind Nervenschäden in Gehirn oder Rückenmark, das heißt, es ist zu einer zentralen Nervenschädigung gekommen.

Bei schlaffen Lähmungen ist keine Muskelspannung an den betroffenen Gliedmaßen oder Körperregionen mehr vorhanden. Schlaffe Lähmungen werden durch Schädigung peripherer Nerven verursacht.

Therapie

▶▶ Causticum D12 (Ätzkalk)

Causa/Lokalisation

- lähmige Schwäche und Paresen
- Mischung aus Spasmen und Paresen
- Lähmungen können als Folge von unterdrückten chronischen Hauterkrankungen auftreten

Leitsymptome

- örtlich begrenzte Lähmungen:
  - Bandscheibenvorfall und Arthrose mit Parese der Extremitäten, Blase und Mastdarm
  - Blasenlähmung
  - Lähmung von Rektum und Schließmuskel
  - hängende Augenlider und Augenmuskellähmung (Ptosis)
  - Stimmlosigkeit durch Lähmung des Kehlkopfmuskels
- halbseitige Lähmungen, z. B. halbseitige Gesichtslähmung durch Zugluft oder Verkühlung

Modalitäten

↓ schönes und kaltes Wetter, Aufregung und Schreck
↑ feuchtes Wetter, warme Luft, Durchnässung

Dosierung

2-mal täglich 5 Globuli

▶▶ Gelsemium D12 (wilder oder gelber Jasmin)

Causa/Lokalisation

- Lähmung verschiedener Muskelgruppen: um die Augen, Hals, Brustkorb, Schließmuskeln und Extremitäten
- Muskelschwäche und -erschlaffung sowie mangelnde Koordination der Muskeln
- Lähmung, Ataxie und Schwäche als Folge oder Begleitsymptom von Erregungszuständen

Leitsymptome

- vollständige oder teilweise Lähmungen der Muskeln
- Zittern, kann von lähmiger Schwäche begleitet sein
- große körperliche Schwäche mit Muskelerschlaffung
- „alles hängt": Kopf, schwere, erschlaffte Augenlider
- unwillkürlicher Stuhl- und Harnabgang

Modalitäten

↓ Erregung, Stress, Bewegung, feuchtes Wetter, vor einem Gewitter
↑ frische Luft

Dosierung

2-mal täglich 5 Globuli

▸▸ Nux vomica D12 (Brechnuss)

Causa/Lokalisation

- Lähmung als Folge von Überanstrengung oder Verkühlung
- Erkrankung des Rückenmarks mit spastischer Lähmung

Leitsymptome

- Schwere und Lähmigkeit in den Extremitäten
- Bandscheibenvorfall mit wechselnder Lähmung: Hinterpfoten abwechselnd steif und schlaff
- Blasenlähmung und Mastdarmlähmung durch Bandscheibenvorfall

Modalitäten

↓ frühmorgens zwischen 3 und 4 Uhr, Kälte und Wind, Lärm, Berührung, Überanstrengung
↑ abends, Wärme, Ruhe

Dosierung

2-mal täglich 5 Globuli

Lampenfieber, Prüfungsangst

Beschreibung der Erkrankung und mögliche Ursachen

Auch bei unseren Hunden und Katzen kann es zu Lampenfieber und Angst vor besonderen Herausforderungen wie Prüfungen, Ausstellungen, Tierarztbesuch, Urlaubsreisen oder Transport kommen.

Symptome

- Angst und Furcht
- Unruhe
- scheues, zurückhaltendes Verhalten
- Zittern und Erregbarkeit
- körperliche Beschwerden wie Durchfall oder Schwäche

Wichtig

Bewährt haben sich die beiden homöopathischen Mittel Argentum nitricum und Gelsemium. Im Hinblick auf die körperlichen Beschwerden bei Lampenfieber und Prüfungsangst gilt: Bei Argentum nitricum kommt der nervöse Durchfall vor und bei Gelsemium nach dem angstbesetzten Ereignis.

Oft werden Lampenfieber und Ängste vor besonderen Herausforderungen bei den Tieren durch ängstliches und unsicheres Verhalten des Tierbesitzers verstärkt oder ausgelöst, sodass der Tierhalter ebenfalls von einer entsprechenden homöopathischen Behandlung profitieren könnte.

Wenn die Beschwerden sehr ausgeprägt sind oder bereits über einen langen Zeitraum bestehen und die nachfolgenden homöopathischen Mittel nicht greifen, empfiehlt sich ein begleitendes Verhaltenstraining.

Therapie

▶▶ Argentum nitricum D12 (Silbernitrat)

Causa/Lokalisation

- Beschwerden durch Aufregung und Erwartungsangst
- Lampenfieber und Erwartungsangst mit Reaktion auf den Verdauungstrakt
- Prüfungsangst

Leitsymptome

- Aufregungen führen zu nervösem Durchfall
- Angst vor Neuem
- nervöse Beschwerden, ängstliche Unruhe
- Beschwerden bessern sich nach Beginn der Prüfung oder besonderen Herausforderung
- Tiere sind übermäßig furchtsam, temperamentvoll und immer auf der Hut: Typ wie ein „scheues Reh"

Modalitäten

↓ nachts, Wärme, in engen Räumen, Erregung
↑ Kälte, im Freien, Druck

Dosierung

2-mal täglich 5 Globuli

▶▶ Gelsemium D12 (wilder oder gelber Jasmin)

Causa/Lokalisation

- Folge von Schreck oder Schock
- Angst vor Herausforderungen

Leitsymptome

- Aufregung, Schreck und Furcht verursacht zittrige Schwäche und Durchfall
- Durchfall tritt nach einer Stress-Situation auf, ist mit Schwäche, Benommenheit und Zittern verbunden

Modalitäten

↓ Erregung, Stress, Bewegung, feuchtes Wetter, vor einem Gewitter
↑ frische Luft

Dosierung

2-mal täglich 5 Globuli

Leberschwäche, Lebererkrankung

Beschreibung der Erkrankung und mögliche Ursachen

Leberentzündungen (Hepatitiden) oder Lebererkrankungen (Hepatopathien) können durch Infektionen, Toxine, Arzneimittel oder längere Aufnahme von nicht artgerechtem Futter entstehen. Schwäche und Insuffizienz der Leber treten schleichend auf, führen zu unspezifischen Symptomen und werden vom Tierhalter in der Regel erst spät bemerkt oder dem normalen Alterungsprozess zugeordnet. Daher empfiehlt sich bei entsprechender Symptomatik oder älteren Tieren eine regelmäßige Kontrolluntersuchung.

Symptome

- Appetitlosigkeit, Inappetenz
- Gewichtsabnahme
- Verdauungsstörungen
- Leberschmerzpunkte
- Apathie und Schwäche
- aggressives, depressives oder launisches Verhalten

Wichtig

Eine Blutuntersuchung und ein Leber-Ultraschall können den Verdacht auf eine Hepatitis oder Hepatopathie bestätigen. Ergänzend sollte das Futter auf eine leichtverdauliche Kost umgestellt werden.

Therapie

▸▸ Carduus marianus D3 (Mariendistel)

Causa/Lokalisation

- akute und chronische Leber- und Galleerkrankung
- Hepatitis und Hepatopathie
- Gelbsucht (Ikterus)
- wichtigstes Entgiftungsmittel bei Leberschwäche: Leberdrainagemittel

Leitsymptome

- Inappetenz
- Übelkeit
- Blähungen, aufgeblähtes Abdomen
- harter und dunkler Stuhl
- Erbrechen von grünlicher Flüssigkeit
- druckempfindliche Leberregion
- Pfortaderstauung

Modalitäten

↓ Bewegung, Druck auf den Bauch
↑ Ruhe, Wärme

Dosierung

3-mal täglich 5 Globuli

▸▸ Flor de piedra D4 (Steinblüte)

Causa/Lokalisation

- Leberschwäche und Leberdegeneration, vor allem nach Vergiftungen oder Infektionen wie FIP (feline infektiöse Peritonitis) oder FeLV (Katzenleukose)
- Hepatitis und akute und chronische Hepatopathie

Leitsymptome

- Verlangsamung aller Lebensvorgänge und Reaktionen: langsame Nahrungs- und Flüssigkeitsaufnahme, erschwerte und langsame Bewegung
- Wechsel zwischen den Reaktionsformen: wechselhafte Kotbeschaffenheit, Verhalten wechselt zwischen ängstlich-lebhaft und apathisch
- Berührungsempfindlichkeit in der Lebergegend und über den Akupunkturpunkten der Leber: Leberschmerzpunkte
- Durst: Tiere trinken in großen, langen Schlucken
- Appetitlosigkeit
- gelblich-brauner Stuhl

Modalitäten

↓ Anstrengung, Wetterwechsel
↑ Bewegung

Dosierung

3-mal täglich 5 Globuli

▶▶ Lycopodium D12 (Bärlapp)

Causa/Lokalisation

- chronische Hepatopathie
- Verdauungsinsuffizienz und Leberschwäche

Leitsymptome

- Lebergegend ist berührungsempfindlich
- Magenfunktion ist herabgesetzt: Übelkeit, Aufstoßen
- Verstopfung oder übelriechende, gelbbraune oder grüne dünne Stühle oder fester Stuhl zu Beginn, dann weich
- Abmagerung und geringer Appetit oder Abneigung gegen Fleisch
- Tiere sind müde, lustlos, apathisch und launisch
- „altes" Aussehen

Modalitäten

↓ Wärme, Ruhe, von 16–20 Uhr, rechte Seite
↑ Bewegung, kühle Luft, nach Mitternacht

Dosierung

2-mal täglich 5 Globuli

▶▶ Nux vomica D12 (Brechnuss)

Causa/Lokalisation

- Leberschwäche und Lebererkrankung als Folge von Futterabusus, Aufnahme von nicht artgerechtem Futter, Vergiftungen oder Arzneimittelmissbrauch

Leitsymptome

- Leberstörung mit Blähungen und Schmerzen
- Durchfall mit Erbrechen und Kolik
- Durchfall abwechselnd mit Verstopfung und Krämpfen

Modalitäten

↓ frühmorgens zwischen 3 und 4 Uhr, Kälte und Wind, Lärm, Berührung, Überanstrengung
↑ abends, Wärme, Ruhe

Dosierung

2-mal täglich 5 Globuli

Nierenentzündung (Nephritis)

Beschreibung der Erkrankung und mögliche Ursachen

Die ersten Anzeichen einer akuten Nierenentzündung sind Schmerzen, Störungen des Gangbildes wie Nachhandschwäche, steifes Laufen oder ein gekrümmter Rücken. Auslöser ist in der Regel eine Verkühlung, z. B. Kälte im Winter, Nasswerden, Zugluft oder Liegen auf kalten Fliesen.

Symptome

- vergeblicher Harndrang oder häufiger Absatz kleiner Mengen Urin
- Schmerzen, erkennbar an Schmerzlauten, gekrümmtem Rücken, Problemen beim Aufstehen, steifem Gang und Nachhandschwäche
- Schmerzen können in Wellen auftreten
- Apathie und Schwäche
- dunkler, trüber und/oder blutiger Urin
- Urinuntersuchung zeigt erhöhte Mengen an Bakterien, Eiweiß, Sediment, Erythrozyten, Hämoglobin und/oder Kristallen, pH-Wert ist in der Regel erhöht

Wichtig

Die zum Teil starken Schmerzen bei einer Nierenentzündung und daraus resultierende Bewegungsstörungen können fälschlicherweise auch auf einen Bandscheibenvorfall oder andere Erkrankungen des Bewegungsapparats hinweisen. Differentialdiagnostisch hilfreich ist daher eine Urinuntersuchung, die der Tierhalter zumindest bei Hunden als ersten Anhaltspunkt auch selber durchführen kann (z. B. Combur®-Tests, Apotheke).

Therapie

▸▸ Apis mellifica D4 (Honigbiene)

Causa/Lokalisation

- akute Nephritis

Leitsymptome

- geschwollene Nierengegend
- brennende und stechende Schmerzen
- Eiweiß im Urin

Modalitäten

↓ nachts, Wärme, Bewegung, Berührung, Schlaf
↑ Kälte, frische Luft, kalte Umschläge

Dosierung

3-mal täglich 5 Globuli

▸▸ Arsenicum album D12 (weißer Arsenik)

Causa/Lokalisation

- subakute und chronische Nephritis
- Folge von Vergiftungen oder schweren Erkrankungen

Leitsymptome

- Schmerzen in der Nierengegend
- Tiere sind durch die Erkrankung deutlich gealtert
- starker Durst, Tiere trinken häufig kleine Mengen
- Tiere suchen Wärme
- Appetitlosigkeit
- unangenehmer Hautgeruch, Fellstoffwechselstörungen
- Urinuntersuchung: pH-Wert erhöht und erhöhte Mengen an Eiweiß, Sediment, Erythrozyten und Kristalle

Modalitäten

↓ nachts, nach Mitternacht bis 3 Uhr, Kälte, Berührung, Ruhe
↑ Wärme, warme Umschläge

Dosierung

2-mal täglich 5 Globuli

▶▶ Berberis D4 (Berberitze, Sauerdorn)

Causa/Lokalisation

- Harnsystem: Niere und ableitende Harnwege
- subakute und chronische Nephritis

Leitsymptome

- Schmerzen in der Nierengegend
- schneller Wechsel der Symptome: Wechsel zwischen Durst und Durstlosigkeit, Appetit und Inappetenz, hellem und dunklem Urin
- Neigung zu Grieß, Kristallen und Steinen in Blase und Nieren
- Nierenkolik
- Erschöpfung
- Urinuntersuchung: pH-Wert erhöht und erhöhte Mengen an Eiweiß, Sediment und Kristallen, wechselnde Mengen Erythrozyten und geringe Mengen Leukozyten

Modalitäten

↓ Druck, plötzliche Bewegung, nachts
↑ Absonderungen wie Urin oder Schweiß

Dosierung

3-mal täglich 5 Globuli

▶▶ Mercurius solubilis D12 (Quecksilber)

Causa/Lokalisation

- akute Nephritis

Leitsymptome

- Urin dunkel, spärlich, blutig und/oder schleimig-eitrig
- Dysurie (erschwerter Harnabsatz) und Anurie (fehlender Harnabsatz)
- Urinuntersuchung: erhöhte Mengen an Eiweiß, Sediment, Kristallen und Leukozyten und stark erhöhte Mengen an Erythrozyten und Hämoglobin

Modalitäten

↓ Kälte und Wärme, nachts
↑ gemäßigte Temperaturen, Ruhe

Dosierung

2-mal täglich 5 Globuli

Niereninsuffizienz, chronisch

Beschreibung der Erkrankung und mögliche Ursachen

Eine chronische Niereninsuffizienz (CNI) ist ein fortschreitender und irreversibler Krankheitsprozess, bei dem sich harnpflichtige Stoffe im Körper ansammeln und es zu einer allmählichen Selbstvergiftung des Körpers, zur sogenannten Urämie kommt. Betroffene Tiere zeigen erst dann Symptome einer Niereninsuffizienz, wenn über 70 % des Nierengewebes geschädigt sind.

Symptome

- starker Durst (Polydipsie) und Absatz großer Harnmengen (Polyurie)
- Appetitlosigkeit, Inappetenz
- Gewichtsabnahme
- Verdauungsstörungen
- Apathie und Schwäche
- Erosionen der Schleimhäute (Zahnfleisch, Nase) mit unangenehmem Atemgeruch nach Ammoniak
- Fellstoffwechselstörungen
- im fortgeschrittenen Stadium der Urämie: Bluthochdruck, Anämie und neurologische Symptome wie Krämpfe bis hin zur Bewusstlosigkeit

Wichtig

Bei fortschreitender Niereninsuffizienz kommt es letztlich zu Nierenversagen. Das Ziel der homöopathischen Behandlung in Kombination mit einer speziellen Nierendiät und weiteren Therapiemaßnahmen aus der Phytotherapie oder Schulmedizin ist das Verlangsamen oder Aufhalten der Erkrankung.

Neben den nachfolgend aufgeführten homöopathischen Mitteln haben sich Lespedeza sieboldii D2 und Solidago D2 – jeweils 3-mal täglich 5 Globuli – und das homöopathische Organpräparat der Niere (z. B. Ney-Nerin, Renes/Equisetum comp. Wala® oder Ren suis-Injeel®) als Langzeittherapie bewährt.

Da eine chronische Niereninsuffizienz schleichend verläuft und daher vom Tierhalter oft nicht rechtzeitig bemerkt wird oder dem normalen Alterungsprozess zugesprochen wird, empfiehlt sich, insbesondere bei älteren Tieren eine regelmäßige Blutuntersuchung.

Therapie

▸▸ Arsenicum album D12 (weißer Arsenik)

Causa/Lokalisation

- chronische Niereninsuffizienz
- Folge von Vergiftungen oder schweren Erkrankungen

Leitsymptome

- starker Durst: Tiere trinken häufig kleine Mengen
- Gewichtsverlust und Kachexie durch Inappetenz und Ekel vor dem Fressen
- Apathie und Schwäche
- unangenehmer Hautgeruch, Fellstoffwechselstörungen
- chronisch-rezidivierendes Erbrechen und Durchfall
- Tiere suchen die Wärme
- Erosionen an den Schleimhäuten

Modalitäten

↓ nachts, nach Mitternacht bis 3 Uhr, Kälte, Berührung, Ruhe
↑ Wärme, warme Umschläge

Dosierung

2-mal täglich 5 Globuli

▸▸ Berberis D4 (Berberitze, Sauerdorn)

Causa/Lokalisation

- Niere und ableitende Harnwege
- Leber

Leitsymptome

- nieren- und leberwirksames homöopathisches Mittel zur Entgiftung, Stoffwechselanregung und Nierenstärkung, wird allgemein bei Nierenschwäche eingesetzt

Modalitäten

↓ Druck, plötzliche Bewegung, nachts
↑ Absonderungen wie Urin oder Schweiß

Dosierung

3-mal täglich 5 Globuli

Otitis externa, Ohrenentzündung des Außenohrs

Beschreibung der Erkrankung und mögliche Ursachen

Eine Otitis externa kann durch Bakterien, Ohrmilben oder Hefepilze verursacht werden oder Begleitsymptom einer allergischen Hauterkrankung (Atopie, Futtermittelallergie) sein. Der Besitzer erkennt eine Ohrenentzündung seines Tieres neben einem geröteten, geschwollenen und schmerzharten oder juckenden Ohr sowie Ausfluss und Sekret unterschiedlicher Farbe und Konsistenz auch daran, dass dieses häufig den Kopf schüttelt, die Ohren an Teppich oder Möbeln reibt oder den Kopf schief hält.

Symptome

- Schmerzen
- Juckreiz
- Ausfluss, Sekret: Eiter, dunkles flüssiges oder krümeliges oder helles schmieriges Sekret
- Schleimhäute des Gehörgangs geschwollen und gerötet
- Ohren überwärmt

Wichtig

Die orale homöopathische Behandlung kann durch lokale Ohrenspülungen mit verdünnter, abgekochter und abgekühlter Calendula-Essenz unterstützt werden.

Bei starken Schmerzen, nicht Ansprechen der homöopathischen Behandlung und jedem Verdacht auf Übergreifen der Entzündung auf das Mittelohr (Fieber, Störung des Allgemeinbefindens) sollte therapeutische Hilfe in Anspruch genommen werden.

Therapie

▶▶ Graphites D12 (Graphit, Reißblei)

Causa/Lokalisation
- chronische Otitis externa
- Einsatz als Konstitutionsmittel, wenn zum Typ des Tieres passend

Leitsymptome
- chronische Entzündung
- geringe Schmerzhaftigkeit
- honigartige, gelbe und übelriechende Absonderungen aus den Ohren
- wulstige und schrundige Schleimhaut
- Ekzeme hinter den Ohren
- häufig kombiniert mit Hauterkrankungen mit trockener, rissiger Haut oder nässenden, schmierigen, honigartigen Absonderungen, symmetrischer Kahlheit und Schwarzfärbung sowie Verdickung der Haut

Modalitäten

↓ morgens und abends, Kälte und Zugluft

↑ Wärme, nach dem Fressen

Dosierung

2-mal täglich 5 Globuli

▶▶ Hepar sulfuris D12 (Kalkschwefelleber)

Causa/Lokalisation
- akute Otitis externa mit starker Schmerz- und Berührungsempfindlichkeit

Leitsymptome
- akute, hochgradige Entzündung
- Schmerzen
- Borken auf und hinter den Ohren
- Pusteln im Gehörgang
- Sekret eitrig und gelbgrünlich
- Geruch nach altem Käse oder säuerlich

Modalitäten
↓ Kälte und Zugluft, Berühren der erkrankten Stellen
↑ Wärme, warme Umschläge

Dosierung
2-mal täglich 5 Globuli

▶▶ Mercurius solubilis D12 (Quecksilber)

Causa/Lokalisation
- akute Otitis externa mit starker Schwellung des Gehörgangs

Leitsymptome
- akute Entzündung
- Schmerzen
- Sekret am Anfang scharf, wundmachend, eitrig und mit Blut vermischt, später schleimig-eitrig und mild
- Geschwüre im Ohr möglich

Modalitäten
↓ Kälte und Wärme, nachts
↑ gemäßigte Temperaturen, Ruhe

Dosierung
2-mal täglich 5 Globuli

▶▶ Pulsatilla pratensis D12 (Wiesenküchenschelle)

Causa/Lokalisation
- akute und chronische Otitis externa
- Einsatz als Konstitutionsmittel, wenn zum Typ des Tieres passend

Leitsymptome
- Entzündung
- Schwellung und Rötung des Außenohrs
- Sekret reichlich, dick, gelbgrün und mild, das heißt nicht wundmachend
- Sekret riecht unangenehm
- verminderte Hörschärfe

Modalitäten
↓ abends, nachts, Wärme, Wetterwechsel, vor und während Läufigkeit, im Zimmer, Ruhe
↑ frische Luft und Kühle, Bewegung draußen

Dosierung
2-mal täglich 5 Globuli

▶▶ Sulfur C30 (Schwefel)

Causa/Lokalisation
- chronische Otitis externa
- Einsatz als Reaktions- und Zwischenmittel zur Anregung der Selbstheilungskräfte
- Einsatz bei durch Cortison und Antibiotika unterdrückter Ohrenentzündung

Leitsymptome
- Entzündung
- Schleimhäute des Gehörgangs stark gerötet und schuppig
- Ohren überwärmt

Modalitäten
↓ abends und nachts, Nässe und Kälte, nach dem Waschen, Ruhe
↑ trockenes warmes Wetter, Bewegung und Anstrengung

Dosierung
Einzelgaben zu 5 Globuli

▶▶ Thuja D12 (Lebensbaum)

Causa/Lokalisation
- chronische Otitis externa mit Neigung zu Verhärtung und Verhornung
- Otitis externa als Impfreaktion möglich
- Einsatz als Konstitutionsmittel, wenn zum Typ des Tieres passend

Leitsymptome

- chronische Entzündung
- Schmerzen
- Sekret gelbgrün, schleimig-eitrig
- Warzen oder Polypen im Gehörgang
- Neigung zu Verhornung, Verhärtung und Dunkelpigmentierung

Modalitäten

↓ abends, nachts, Kälte und Nässe, Wetterwechsel

↑ Bewegung, Wärme

Dosierung

2-mal täglich 5 Globuli

Operationsbegleitung

Beschreibung der Erkrankung und mögliche Ursachen

Homöopathische Arzneimittel sind eine gute Option zur Begleitung von Operationen. Ziele der homöopathischen Therapie sind Schmerzlinderung, Verhinderung übermäßiger Blutungen, Unterstützung der Wundheilung und Narkoseausleitung.

Symptome

- Schmerzen
- Juckreiz
- Blutungen
- verzögerte Wundheilung
- schlechte Narbenbildung

Wichtig
Die orale homöopathische OP-Begleitung kann durch lokale Spülungen bzw. Wundauflagen auf der Operationswunde mit verdünnter, abgekochter und abgekühlter Calendula-Essenz unterstützt werden.

Therapie

▶▶ Arnica C30 (Bergwohlverleih)

Causa/Lokalisation

- OP-Vorbereitung und -Begleitung: verbessert die Verträglichkeit der Narkose, wirkt blutungsstillend und schmerzlindernd und fördert die Wundheilung

Leitsymptome

- frische Wunden
- hellrote Blutungen
- Blutverlust nach der Operation
- Quetschung von Gewebe und Hämatome im Rahmen einer Operation
- Förderung der Granulation

Modalitäten

↓ Bewegung, Berührung
↑ Ruhe, Liegen

Dosierung

Einzelgaben zu 5 Globuli

▸▸ Hamamelis D6 (Virginischer Zauberstrauch)

Causa/Lokalisation

- Folge von Operationen

Leitsymptome

- nach Operationen vorbeugend geben, um Blutungen zu verhindern
- dunkle, venöse Blutungen
- offene schmerzhafte Wunden mit Schwäche infolge eines Blutverlusts

Modalitäten

↓ feuchtwarme Luft, Bewegung
↑ frische Luft, Ruhe

Dosierung

3-mal täglich 5 Globuli

▸▸ Nux vomica D30 (Brechnuss)

Causa/Lokalisation

- Übelkeit und Erbrechen als Folge von Narkose und Schmerzmittel

Leitsymptome

- nach einer Operation vorbeugend geben; mildert eventuelle Nebenwirkungen auf den Verdauungstrakt von Narkose und Schmerzmitteln ab

Modalitäten

↓ frühmorgens zwischen 3 und 4 Uhr, Kälte und Wind, Lärm, Berührung, Überanstrengung
↑ abends, Wärme, Ruhe

Dosierung

3 Tage lang je einmal 5 Globuli täglich

▶▶ Silicea D6 (Kieselsäure)

Causa/Lokalisation

- Förderung der Wundheilung nach einer Operation

Leitsymptome

- verzögerte Wundheilung
- schlecht heilende Narben, schmerzhaftes Narbengewebe
- Eiterungen sind reaktionsträge und schmierend, chronische Eiterungen mit Abszess- oder Fistelbildung

Modalitäten

↓ Kälte, kaltes Wasser
↑ Wärme, Sommer, feuchtes und nasses Wetter

Dosierung

3-mal täglich 5 Globuli

▶▶ Staphisagria D6 (Stephanskraut)

Causa/Lokalisation

- Folge von Schnitt- und Operationswunden
- Wiederherstellung der Magen-Darm-Motorik nach einer Operation

Leitsymptome

- Schnittwunden durch Operation
- sehr schmerzempfindliche Tiere, reizbar und ungeduldig
- starker Juckreiz, Lecken an der Operationswunde

Modalitäten

↓ Kälte, morgens nach dem Schlaf, Ärger und Kummer, Berührung der betroffenen Teile
↑ Wärme, Ruhe, Bewegung an frischer Luft

Dosierung

3-mal täglich 5 Globuli

Scheidenentzündung (Vaginitis)

Beschreibung der Erkrankung und mögliche Ursachen

Eine Entzündung der Scheide, als Vaginitis bezeichnet, kann in jedem Alter auftreten. Sie wird bei Hunden häufiger als bei Katzen beobachtet. Als Ursachen kommen Blasenentzündungen, Verunreinigungen der Scheide durch Urin oder Kot und Verletzungen, Abszesse oder Tumoren der Vagina in Frage.

Symptome

- wässriger, schleimiger, eitriger oder blutiger Ausfluss bzw. Sekret
- Rötung der Scheide
- Schwellung der Scheide
- Juckreiz der Scheide, häufiges Lecken und Nagen des Bereichs
- Ulzera

Wichtig

Wie bei anderen bakteriellen Entzündungen mit schleimig-eitrigem Ausfluss aus der Scheide kann auch bei einer Vaginitis Echinacea D1 das homöopathische Simile begleiten.
Eine externe Anwendung mit verdünnter Calendula-Essenz kann ebenfalls das homöopathische Simile ergänzen.

Therapie

▸▸ Echinacea D1 (Sonnenhut)

Causa/Lokalisation

- Immun-, Blut- und Lymphsystem
- bei allen Formen von Infektionen und Entzündungen als Basistherapie

Leitsymptome

- antiseptische und „antibiotische" Wirkung
- stabilisiert das Immunsystem bei allen bakteriellen Erkrankungen

Modalitäten

↓ abends, Kälte, nach körperlicher Anstrengung
↑ Ruhe

Dosierung

3-mal täglich 5 Globuli

▸▸ Mercurius solubilis D6 (Quecksilber)

Causa/Lokalisation

- akute Vaginitis

Leitsymptome

- Ausfluss am Anfang scharf, eitrig und mit Blut vermischt, später schleimig-eitrig und mild
- Ausfluss mit unangenehmem, faulig-süßlichem Geruch
- Schwellung
- Ulzera

Modalitäten

↓ Kälte und Wärme, nachts
↑ gemäßigte Temperaturen, Ruhe

Dosierung

3-mal täglich 5 Globuli

▸▸ Pulsatilla pratensis C30 (Wiesenküchenschelle)

Causa/Lokalisation

- Vaginitis bei juvenilen Tieren
- Einsatz als Konstitutionsmittel, wenn zum Typ des Tieres passend

Leitsymptome

- Ausfluss gelblich-grünlich, nicht wundmachend
- blutiges Sekret möglich
- Vaginitis bereits vor der ersten Läufigkeit/Rolligkeit: juvenile Vaginitis

Modalitäten
↓ abends, nachts, Wärme, Wetterwechsel, vor und während Läufigkeit, im Zimmer, Ruh
↑ frische Luft und Kühle, Bewegung draußen

Dosierung
Einzelgaben von 5 Globuli

▶▶ Sepia C30 (Tintenfisch)

Causa/Lokalisation
- chronische Vaginitis
- Einsatz als Konstitutionsmittel, wenn zum Typ des Tieres passend

Leitsymptome
- chronisch-rezidivierende Scheidenentzündung älterer Tiere
- Ausfluss blutig, milchig, eitrig
- wundmachender, übelriechender Fluor
- gerötete Scheide
- Juckreiz
- Neigung zu Urovagina und Uterusatonie

Modalitäten
↓ vor und im Östrus, Kälte, Stress, Anstrengung
↑ Bewegung, im Freien, Wärme

Dosierung
Einzelgaben von 5 Globuli

▶▶ Thuja C30 (Lebensbaum)

Causa/Lokalisation
- chronisch-rezidivierende Vaginitis
- Einsatz als Konstitutionsmittel, wenn zum Typ des Tieres passend

Leitsymptome
- gelbgrüne, schleimig-eitrige Absonderungen
- wundmachender, übelriechender Fluor

- gerötete Scheide
- warzenartige Wucherungen auf der Vulva

Modalitäten

↓ abends, nachts, Kälte und Nässe, Wetterwechsel

↑ Bewegung, Wärme

Dosierung

Einzelgaben von 5 Globuli

Scheinträchtigkeit, Scheinschwangerschaft (Pseudogravidität)

Beschreibung der Erkrankung und mögliche Ursachen

Von einer Scheinträchtigkeit oder Scheinschwangerschaft spricht man, wenn weibliche Hunde oder Katzen hormonell eine Trächtigkeit durchlaufen, obwohl keine Befruchtung erfolgte. Die Scheinträchtigkeit äußert sich sowohl mit körperlichen als auch psychischen Beschwerden. Nicht immer ist eine Kastration des Tieres nötig, da die nachfolgenden homöopathischen Mittel die Beschwerden lindern können.

Symptome

- Schmerzen
- Schwellung und Entzündung des Gesäuges
- Flüssigkeits- oder Milchbildung: Pseudolaktation
- knotige Veränderungen des Gesäuges
- Verhaltensänderungen: Tiere sind sehr anhänglich, liebebedürftig, depressiv oder zickig und reizbar
- Stimmungsschwankungen
- Apathie und Müdigkeit
- Nestbauverhalten
- vorherige Zyklusstörungen

Wichtig

Eine Scheinträchtigkeit wird durch Hormonveränderungen verursacht. Gegen Ende der Läufigkeit/Rolligkeit produziert der Körper weniger Progesteron, wodurch sich die Prolaktin-Blutkonzentration erhöht. Prolaktin sorgt dafür, dass das Drüsengewebe des Gesäuges wächst und regt die Milchbildung an.

Therapie

▸▸ Agnus castus D12 (Mönchspfeffer)

Causa/Lokalisation

- Sexualorgane
- Folge von hormonellen Störungen

Leitsymptome

- Agnus castus dient der grundsätzlichen Hormonregulierung; kann die nachfolgenden homöopathischen Mittel begleiten

Modalitäten

↓ Kälte, Nässe, Druck, Berührung
↑ Wärme, frische Luft

Dosierung

2-mal täglich 5 Globuli

▸▸ Ignatia C30 (Ignatiusbohne)

Causa/Lokalisation

- Scheinschwangerschaft, wenn die Hündin oder die weibliche Katze hysterisch und nervös sind oder zu extremen Stimmungsschwankungen neigen

Leitsymptome

- psychische Symptome stehen im Vordergrund
- Tiere sind reizbar, aggressiv und ungehorsam oder introvertiert oder zeigen extreme Stimmungswechsel
- starkes Nestbauverhalten, Tiere sind kaum aus dem Korb zu locken
- Gesäuge nicht oder kaum verändert

Modalitäten

↓ abends und nachts, Aufregung, Schreck, seelische Belastung, Kälte
↑ Wärme, nach dem Fressen

Dosierung

1-mal täglich 5 Globuli

▸▸ Phytolacca D6 (Kermesbeere)

Causa/Lokalisation

- allgemeine Wirkung auf Drüsen
- Scheinschwangerschaft mit Beziehung zur Milchdrüse

Leitsymptome

- Schwellung des Gesäuges und starke Milchbildung
- Gesäuge hart, geschwollen, heiß, knotig und sehr schmerzhaft mit wässrigem oder dicklich-eitrigem Sekret
- Mastitis

Modalitäten

↓ Bewegung, nasskaltes Wetter, nachts, warmes Trinken (Halsschmerzen)

↑ Ruhe, kaltes Wasser

Dosierung

3-mal täglich 5 Globuli

▸▸ Pulsatilla pratensis D6 (Wiesenküchenschelle)

Causa/Lokalisation

- Scheinschwangerschaft mit extremen Stimmungsschwankungen und viel Milch
- Einsatz als Konstitutionsmittel, wenn zum Typ des Tieres passend

Leitsymptome

- geschwollene Milchdrüsen und viel Milch
- Nestbauverhalten
- Depressionen, Müdigkeit, Tiere schlafen viel
- Stimmungsschwankungen
- geringer Appetit
- Tiere suchen das Kühle
- unregelmäßige Läufigkeit oder Rolligkeit: der Zyklus ist verzögert und die Läufigkeit/Rolligkeit kurz, wenig intensiv und mit geringer Blutung

Modalitäten

↓ abends, nachts, Wärme, Wetterwechsel, vor und während Läufigkeit, im Zimmer, Ruhe

↑ frische Luft und Kühle, Bewegung draußen

Dosierung

3-mal täglich 5 Globuli; bei Einsatz als Konstitutionsmittel: Einzelgaben von Pulsatilla C30

Schilddrüsenüber- und -unterfunktion

Beschreibung der Erkrankung und mögliche Ursachen

Die Schilddrüse produziert mithilfe von Jod aus der Nahrung und dem Hypophysenhormon TSH die Hormone Thyroxin (T4), Trijodthyroxin (T3) und Calcitonin. Bei Katzen kommt es weitaus häufiger zu einer Schilddrüsenüberfunktion (Hyperthyreose), bei der die Schilddrüse zu viele Hormone produziert; eine Hypothyreose kommt so gut wie nicht vor. Hunde erkranken hingegen wesentlich häufiger an einer Schilddrüsenunterfunktion (Hypothyreose), bei der die Schilddrüse zu wenige Hormone produziert. Die Diagnose wird durch die jeweilige Symptomatik und eine Blutuntersuchung gestellt.

Symptome und Therapie

Das homöopathische Mittel Jodum wird als Konstitutionsmittel mit Wirkung auf die Schilddrüse sowohl bei der Über- als auch bei der Unterfunktion eingesetzt (▸ Homöopathische Arzneimittelbilder, Jodum).

Wichtig

Bei Fehlfunktionen der Schilddrüse von Hund und Katze sollte keine selbstständige Therapie durch den Tierbesitzer erfolgen. Jodum kann in Absprache mit dem behandelnden Therapeuten und entsprechend zu den Blutwerten eingesetzt werden. Auch während der homöopathischen und/oder schulmedizinischen Behandlung sollten die Blutwerte regelmäßig kontrolliert und die Therapie bei Bedarf angepasst werden.

Schnupfen (Rhinitis)

Beschreibung der Erkrankung und mögliche Ursachen

Als Schnupfen wird eine Entzündung der Nasenschleimhaut bezeichnet. Schnupfen kann akut und chronisch auftreten, allergisch, bakteriell oder viral bedingt sein. Da viele Tiere sich die Nase schlecken und so das Nasensekret entfernen, erkennt der Tierhalter den Schnupfen nicht immer sofort. Eine Rhinitis kann gemeinsam mit anderen Symptomen einer Erkältung wie Husten, Niesen, Bindehautentzündung oder Fieber auftreten.

Symptome

- Fließ- oder Stockschnupfen
- schleimiges, eitriges oder blutiges Nasensekret
- milder oder wundmachender Schnupfen
- Schniefen, schnorchelnde Atemgeräusche
- verklebte Nase, rissiger Nasenspiegel
- Schwäche, Störungen des Allgemeinbefindens
- bei allergischer Ursache: Tränenfluss und Niesen

Wichtig

Bei Erkältungssymptomen sollten die Tiere geschont werden. Bei Katzen kann Schnupfen im Rahmen des Katzenschnupfenkomplexes mit den weiteren charakteristischen Symptomen Zahnfleischentzündung, Maulschleimhautentzündung und Bindehautentzündung auftreten. Hierbei hat sich insbesondere Mercurius solubilis bewährt (▸ Homöopathische Arzneimittelbilder, Mercurius solubilis).

Therapie

▸▸ Allium cepa D6 (Küchenzwiebel)

Causa/Lokalisation

- Schnupfen als Folge einer Allergie (▸ Allergie der Atemwege)
- Schnupfen als Folge einer Erkältung

Leitsymptome

- Erkältungen mit wässrigen, tränenden Augen, ständigem Niesen und reichlich brennendem, schleimigem Nasensekret
- Allergien der Atemwege mit scharfem Nasensekret und mildem Tränenfluss (▸ Allergie der Atemwege, ▸ Bindehautentzündung)

Modalitäten

↓ im Warmen, abends
↑ im Freien, Kälte, Bewegung

Dosierung

3-mal täglich 5 Globuli

▸▸ Causticum D12 (Ätzkalk)

Causa/Lokalisation

- chronischer Schnupfen, der durch trockene Kälte verursacht wird

Leitsymptome

- Schnupfen mit schmierigem, zähem Nasensekret
- wunde Nasenschleimhaut
- trockener Nasenspiegel
- Husten
- Symptome entwickeln sich langsam

Modalitäten

↓ schönes und kaltes Wetter, Aufregung und Schreck
↑ feuchtes Wetter, warme Luft, Durchnässung

Dosierung

2-mal täglich 5 Globuli

▸▸ Echinacea D1 (Sonnenhut)

Causa/Lokalisation

- Immun-, Blut- und Lymphsystem
- bei allen Formen von Infektionen und Entzündungen als Basistherapie

Leitsymptome
- antiseptische und „antibiotische“ Wirkung
- stabilisiert das Immunsystem bei allen bakteriellen Erkrankungen

Modalitäten
↓ abends, Kälte, nach körperlicher Anstrengung
↑ Ruhe

Dosierung
3-mal täglich 5 Globuli

▶▶ Ferrum metallicum D12 (metallisches Eisen)

Causa/Lokalisation
- Folge von Infektionen
- chronisch-rezidivierende Rhinitis durch verminderte körperliche Abwehrkräfte und/oder bei jungen, schwächlichen und anämischen Tieren

Leitsymptome
- Schnupfen
- Schwäche und Erschöpfung
- Fieber
- allgemeiner Mangel an Lebenswärme

Modalitäten
↓ Anstrengung, Kälte, Hitze, Mitternacht, Geräusche
↑ leichte Bewegung, morgens

Dosierung
2-mal täglich 5 Globuli

▶▶ Hepar sulfuris D6 (Kalkschwefelleber)

Causa/Lokalisation
- Neigung zu Eiterbildung und Infekten
- akute Rhinitis mit eitrigem, stinkendem Sekret, das sich nicht lösen will

Leitsymptome
- eitriges Sekret, das säuerlich oder nach altem Käse riecht
- schnorchelnde Atemgeräusche, Maulatmung
- Nase und Kopf sehr berührungsempfindlich
- Nasenöffnung wund, Nasenspiegel rissig und leicht blutend
- Niesen

Modalitäten
↓ Kälte und Zugluft, Berühren der erkrankten Stellen
↑ Wärme, warme Umschläge

Dosierung
3-mal täglich 5 Globuli für einige Tage, um den Sekretfluss anzuregen

▶▶ Mercurius solubilis D12 (Quecksilber)

Causa/Lokalisation
- akute Rhinitis mit wundmachendem Sekret und Ulzera
- Rhinitis mit Maulschleimhautentzündung, z. B. beim Katzenschnupfen

Leitsymptome
- eitrig-blutiger und übelriechender Schnupfen
- Nasensekret am Anfang scharf, eitrig und mit Blut vermischt, später schleimig-eitrig und mild
- Schwellung der Nasenschleimhaut, führt zu Schnarchen und schnorchelnden Atemgeräuschen
- Nasenspiegel verklebt
- leicht blutende Geschwüre

Modalitäten
↓ Kälte und Wärme, nachts
↑ gemäßigte Temperaturen, Ruhe

Dosierung
2-mal täglich 5 Globuli

▶▶ Pulsatilla pratensis D6 (Wiesenküchenschelle)

Causa/Lokalisation

- Schnupfen mit reichlich dicken, gelbgrünen, milden Ausscheidungen

Leitsymptome

- reichlich gelber und milder, nicht wundmachender Fließschnupfen
- Wechsel zwischen Fließ- und Stockschnupfen
- eventuell mit Bindehautentzündung

Modalitäten

↓ abends, nachts, Wärme, Wetterwechsel, vor und während Läufigkeit, im Zimmer, Ruhe

↑ frische Luft und Kühle, Bewegung draußen

Dosierung

3-mal täglich 5 Globuli

Schwäche, Erschöpfung, Rekonvaleszenz

Beschreibung der Erkrankung und mögliche Ursachen

Nicht nur im fortgeschrittenen Alter, auch durch chronische Erkrankungen, nach Operationen oder Unfällen oder durch starke Flüssigkeitsverluste durch Erbrechen oder Durchfall können Hunde und Katzen unter Erschöpfungsanzeichen leiden.

Bei älteren Tieren oder bei chronischen Erkrankungen, beispielsweise von Niere oder Leber, kann eine Blutuntersuchung hilfreich sein – vor allem, wenn die nachfolgenden homöopathischen Mittel nicht zu einer nachhaltigen Besserung führen.

Symptome

- Schwäche
- Apathie und Erschöpfung
- Appetitlosigkeit
- Funktionsstörungen von Leber und Nieren
- erhöhte Infektanfälligkeit

Wichtig

Erschöpfungssymptome können auch durch Stress und psychische Belastungen sowie in der Phase der Scheinträchtigkeit auftreten oder Folge von Ernährungsfehlern durch mangelhafte Versorgung mit lebenswichtigen Nährstoffen sein.

Falls es sich um eine seelische Ursache handeln könnte: ▸Homöopathische Arzneimittelbilder, Ignatia, ▸Homöopathische Arzneimittelbilder, Natrium chloratum.

Falls sich weibliche Hunde und Katzen in der Phase der Scheinträchtigkeit befinden und weitere typische Symptome wie Gesäugeentzündung, Milchfluss oder Nestbauverhalten zeigen: ▸Scheinschwangerschaft, Scheinträchtigkeit.

Bei Ernährungsfragen sollte ein Tierarzt oder Tierheilpraktiker zu Rate gezogen werden

Therapie

▶▶ Arsenicum album D12 (weißer Arsenik)

Causa/Lokalisation
- Schwäche als Folge einer chronischen Erkrankung der Leber und Niere
- Schwäche bei alten Tieren
- Schwäche als Folge einer Krebserkrankung
- Einsatz als Konstitutionsmittel, wenn zum Typ des Tieres passend

Leitsymptome
- Erschöpfung und Apathie
- starker Durst, Inappetenz und Gewichtsverlust
- akute und chronische Verdauungsstörungen
- Periodizität, Destruktivität und Chronizität der Beschwerden: alles ist „Zersetzung und Verwesung"

Modalitäten
↓ nachts, nach Mitternacht bis 3 Uhr, Kälte, Berührung, Ruhe
↑ Wärme, warme Umschläge

Dosierung
2-mal täglich 5 Globuli

▶▶ Carbo vegetabilis D12 (Holzkohle)

Causa/Lokalisation
- Schwäche als Folge einer Erkrankung oder Operation

Leitsymptome
- Schwäche, Erschöpfung und Antriebsmangel nach Operationen und Krankheiten
- Schwächezustände durch Dehydratation nach Durchfall und Erbrechen
- verminderte Lebenskraft durch Verlust von Körperflüssigkeiten

Modalitäten
↓ nach dem Fressen, abends und nachts, im Freien, Wärme und feucht-warmes Wetter
↑ Kälte, Aufstoßen oder Abgang von Blähungen

Dosierung
2-mal täglich 5 Globuli

▸▸ China D12 (Chinarinde)

Causa/Lokalisation
- Schwäche und nervöse Erschöpfung als Folge einer schweren Belastung, z. B. nach einer Operation oder chronischen, zehrenden Erkrankung

Leitsymptome
- Schwäche und Abmagerung nach Verlust von Körperflüssigkeiten (Schwitzen, Durchfälle, Erbrechen und Blutungen)
- Rekonvaleszenzphase nach schweren Infektionserkrankungen und starken Blutverlusten

Modalitäten
↓ Flüssigkeitsverlust, nachts, Kälte und Zugluft
↑ Wärme, fester Druck

Dosierung
2-mal täglich 5 Globuli

▸▸ Silicea D12 (Kieselsäure)

Causa/Lokalisation
- Schwäche als Folge eines schlechten Ernährungszustands und Mangel an Lebenswärme

Leitsymptome
- schwächliche, magere, im Wachstum zurückgebliebene Tiere
- schnelle Erschöpfbarkeit
- Mangel an körperlicher und geistiger Ausdauer
- erhöhte Infektanfälligkeit

Modalitäten
↓ Kälte, kaltes Wasser
↑ Wärme, Sommer, feuchtes und nasses Wetter

Dosierung
2-mal täglich 5 Globuli

Sehnenentzündung, Sehnenscheidenentzündung

Beschreibung der Erkrankung und mögliche Ursachen

Eine Entzündung der Sehne (Tendinitis) oder der Sehnenscheide (Tendovaginitis) tritt häufig infolge einer Sehnenzerrung oder durch chronische Reizung und Überbelastung auf. Als Ursachen kommen aber auch Arthritis und Arthrose, Infektionen, Übergewicht, Vitamin- und Mineralstoffmangel oder Alterungsprozesse in Frage. Als Symptome zeigen sich Bewegungseinschränkungen bis hin zu Lahmheit, Druckempfindlichkeit und Schmerzen sowie Schwellung, Überwärmung, Rötung und Verhärtungen im betroffenen Sehnenverlauf.

Symptome

- Lahmheit, unterschiedlich stark ausgeprägt
- Schmerzen, vor allem in Beugung und Streckung der betroffenen Extremitäten
- Schwellung und Erguss
- Überwärmung und Rötung im Bereich der betroffenen Sehne

Wichtig

Die homöopathische Behandlung kann zumindest bei Hunden durch eine äußere Behandlung beispielsweise mit Retterspitz-Wickeln unterstützt werden. Katzen werden sich diese Behandlung in der Regel nicht gefallen lassen.

Da sich Symptome und Modalitäten von Rhus toxicodendron und Ruta ähneln, werden die beiden homöopathischen Mittel häufig gemeinsam gegeben.

Therapie

▶▶ Arnica D6 (Bergwohlverleih)

Causa/Lokalisation

- Sehnen(scheiden)entzündung als Folge von Überanstrengung und Verletzung
- Einsatz als Erste-Hilfe- und Traumamittel bei allen Folgen einer stumpfen Verletzung

Leitsymptome

- Schmerzen
- Schwellung
- Stelle berührungsempfindlich

Modalitäten

↓ Bewegung, Berührung
↑ Ruhe, Liegen

Dosierung

3-mal täglich 5 Globuli; bewährt auch als Arnica C30: eine Gabe direkt nach dem Trauma oder bei den ersten Symptomen

▶▶ Bryonia D6 (Weiße Zaunrübe)

Causa/Lokalisation

- akute Sehnen(scheiden)entzündung mit hoher Schmerzhaftigkeit

Leitsymptome

- stechende und reißende Schmerzen
- hochgradige Lahmheit
- Stelle berührungsempfindlich
- Erguss mit Überwärmung und Rötung
- Tiere sind durch die Schmerzen reizbar oder sehr apathisch und bleiben unbeweglich liegen

Modalitäten

↓ Bewegung, Berührung, Wärme, morgens, Anstrengung
↑ Ruhe, leichter Gegendruck, Kälte

Dosierung
3-mal täglich 5 Globuli

▸▸ Rhus toxicodendron D12 (Giftsumach)

Causa/Lokalisation
- Sehnen(scheiden)entzündung als Folge von Überanstrengung, Zerrung, Kälte und Nässe

Leitsymptome
- stechende und reißende Schmerzen
- erste Bewegungen mit hochgradiger Lahmheit
- Tiere laufen sich ein
- Schmerzen insbesondere in der Ruhe, daher Bewegungsdrang und Ruhelosigkeit

Modalitäten
↓ nachts, Ruhe, Nässe und Kälte, Aufstehen und zu Beginn der Bewegung, zu viel Belastung
↑ Wärme, ständige gemäßigte Bewegung

Dosierung
2-mal täglich 5 Globuli

▸▸ Ruta D6 (Gartenraute, Edelraute)

Causa/Lokalisation
- Sehnen(scheiden)entzündung als Folge von mechanischen Verletzungen und Traumata, z. B. durch Quetschung, Schlag oder Sturz
- Trauma am Sehnenansatz

Leitsymptome
- Lahmheit
- starke Schmerzen
- Schmerzen insbesondere in der Ruhe, daher Bewegungsdrang und Ruhelosigkeit

Modalitäten

↓ Ruhe, aber auch Überanstrengung, nasses und kaltes Wetter
↑ Bewegung, Wärme

Dosierung

3-mal täglich 5 Globuli

Traumata und seelische Belastungen

Beschreibung der Erkrankung und mögliche Ursachen

Verlust des Zuhauses, des Besitzers oder von Artgenossen, Gewalt und Misshandlungen, auch in der täglichen Erziehung, Unfälle und schwere Verletzungen können bei Hunden und Katzen zum Teil schwere Traumata auslösen. Bei Straßentieren kann das Einfangen, bei Zuchttieren die Zwangsverpaarung zu traumatischen Folgen führen. Aber auch ein vermeintlich harmloser Besuch bei Tierarzt oder Tierheilpraktiker, der Transport im Auto in einer Transportbox zum Training oder zu Ausstellungen oder Heimweh bei vorübergehender Trennung vom gewohnten sozialen Umfeld können insbesondere empfindliche Tiere bereits traumatisieren.

Symptome

- Angst, Furcht
- Flucht, Panikattacken
- Unruhe
- Trauer, innerer Rückzug
- aggressives Verhalten
- wechselhaftes, widersprüchliches Verhalten
- körperliche Beschwerden

Wichtig

Nicht jedes der aufgezählten Ereignisse muss automatisch zu einem Trauma bei dem Vierbeiner führen. Es kommt darauf an, ob es sich um ein einzelnes oder wiederholtes Ereignis handelt und wie die seelische Verfassung oder die genetische Disposition des Tieres ist.

Tiere, die insbesondere während der ersten Wochen ihrer Sozialisierung isoliert aufwachsen oder vernachlässigt bzw. misshandelt werden, sind anfälliger für Stress und reagieren daher oft schlechter auf belastende Situationen. Dadurch können sie bereits in den ersten Lebenswochen ein Trauma erleiden. Und auch im weiteren Leben sind die betroffenen Vierbeiner durch die geringere seelische Widerstandskraft – als Resilienz bezeichnet – deutlich anfälliger für die Entwicklung eines Traumas.

Therapie

▸▸ Aconitum C30 (Blauer Eisenhut)

Causa/Lokalisation

- Folge von Trauma und Schock, verbunden mit großer Angst, Unruhe und Panik

Leitsymptome

- Ängste und Panikattacken nach plötzlichem Schreck oder durch lange zurückliegende Traumata
- Herzklopfen, Atemnot und Todesangst
- auch bei Einsatz nach lang zurückliegenden Traumata wirksam, eventuell dann Einzelgaben von Aconitum C200 geben

Modalitäten

↓ abends, nachts, Wärme, Wind, Berührung, Liegen auf der schmerzhaften Seite
↑ morgens, frische Luft

Dosierung

Einzelgaben, eventuell als Wasserauflösung: 5 Globuli einer Potenz C30 in 100 ml Wasser auflösen, dem Vierbeiner alle halbe Stunde ca. 10 ml bis zur Besserung der Beschwerden geben

▸▸ Aurum metallicum D12 (Gold)

Causa/Lokalisation

- Folge von seelischen Belastungen wie Kummer, Verdruss und Widerstand

Leitsymptome

- Trauma führt zu depressivem Verhalten, Erschöpfung und innerem Rückzug
- oder gereiztem, aggressivem Verhalten
- oder Stimmungsschwankungen

Modalitäten

↓ Kälte, Widerstand, nachts

↑ Wärme, Bewegung an frischer Luft

Dosierung

2-mal täglich 5 Globuli

▶▶ Ignatia C30 (Ignatiusbohne)

Causa/Lokalisation

- Trauer durch erlittenes Trauma mit Stimmungswechsel und Hysterie
- Folge von Kummer, Heimweh, verdrängtem Ärger, Strafe oder Verlust
- wichtigstes Heimwehmittel
- akute geistig-seelische und körperliche Beschwerden, die durch traumatische Ereignisse ausgelöst werden

Leitsymptome

- wechselnde, widersprüchliche Stimmungen
- Hysterie
- psychische Leckekzeme und Hotspot durch Traumata
- nervöse Magen-Darm-Störungen durch Kummer und Stress

Modalitäten

↓ abends und nachts, Aufregung, Schreck, seelische Belastung, Kälte

↑ Wärme, nach dem Fressen

Dosierung

1-mal täglich 5 Globuli

▶▶ Natrium chloratum C30 (Kochsalz)

Causa/Lokalisation

- seelische und körperliche Beschwerden durch lang zurückliegende Traumata
- Folge von Kummer, Verlust, Trennung und Stress

Leitsymptome

- Verhaltensprobleme wie Ängste, Angst-Aggressionen oder Unsauberkeit durch lang zurückliegende Traumata
- seelische Beschwerden infolge von unterdrückten Gefühlen
- innerer Rückzug, Tiere wollen allein sein
- Tiere sind scheu, wenig umgänglich, abweisend und nachtragend
- gilt als „chronisches Ignatia"
- lang zurückliegende Traumata und seelische Belastungen führen zu körperlichen Beschwerden

Modalitäten

↓ morgens, Stress und Kummer, Frühling bis Herbst, Sonnenhitze, feuchtkaltes Wetter, an der See

↑ abends, trockenes warmes Wetter, Rückenlage

Dosierung

Einzelgaben

Tumoren

Beschreibung der Erkrankung und mögliche Ursachen

Tumorerkrankungen häufen sich nicht nur bei Menschen, sondern auch bei unseren Hunden und Katzen. Sie gehören zu den häufigsten Todesursachen, auch wenn nicht alle Tumoren bösartig sind.
Ein Tumor kann schnell oder langsam entstehen, klein oder groß, weich, hart oder geschwürig sein, lokal, beispielsweise auf der Haut oder im Knochen-Knorpel-Bereich wachsen oder über die Blut- und Lymphbahnen innere Organe befallen.
Einige Tumorarten sind tierartspezifisch. Basalzellenkarzinome werden beispielsweise bei Katzen wesentlich häufiger als bei Hunden beobachtet. Andere Tumorarten treten bei bestimmten Rassen vermehrt auf. Boxer neigen beispielsweise zu Tumoren der Haut, Gehörgangs-, Lungen-, Herzbasis- oder Milztumoren und zu Blut- und Knochenkrebs. Bei Katzen finden sich häufig Hauttumoren und Knochenkrebs.

Symptome

- Knoten und Tumoren
- weiche oder harte Konsistenz
- Blutungs- oder Geschwürneigung
- Schmerzen
- Juckreiz
- Apathie, Schwächung des Allgemeinbefindens
- Inappetenz, Gewichtsverlust und Kachexie

Wichtig

Die homöopathische Add-on-Behandlung eines Tumors sollte nur nach sorgfältiger Diagnose und in Absprache mit dem behandelnden Therapeuten erfolgen.
Nach einer Krebsoperation können die unter Operationsbegleitung empfohlenen homöopathischen Mittel eingesetzt werden (▸Operationsbegleitung).

Eine Tumorerkrankung kann bei den betroffenen Tieren, aber auch den Besitzern ein Trauma auslösen (▸Traumata, seelische Belastungen).

Therapie

▸▸ Arsenicum album D12 (weißer Arsenik)

Causa/Lokalisation

- konstitutionelle Behandlung einer Tumorerkrankung durch Erhöhung der körpereigenen Abwehrkräfte und Anregung der Leber- und Nierenfunktion

Leitsymptome

- maligne Tumoren
- tiefe, geschwürige, blutende Tumoren
- Schmerzen
- Erschöpfung
- Inappetenz, Gewichtsverlust und Kachexie

Modalitäten

↓ nachts, nach Mitternacht bis 3 Uhr, Kälte, Berührung, Ruhe
↑ Wärme, warme Umschläge

Dosierung

2-mal täglich 5 Globuli

▸▸ Calcium fluoratum D12 (Calciumfluorid)

Causa/Lokalisation

- Tumoren im Knochen-Knorpel-Bereich
- Tumoren von Drüsen, z. B. Schilddrüse oder Gesäuge

Leitsymptome

- harte, kleinknotige Tumoren
- Fibrome: benigne Tumoren des Binde- oder Stützgewebes

Modalitäten
↓ feuchtheißes Wetter, Ruhe, Wetterwechsel
↑ Wärme, Bewegung

Dosierung
2-mal täglich 5 Globuli

▸▸ Hekla lava D3 (Gestein des Vulkans Hekla)

Causa/Lokalisation
- Tumoren im Knochenbereich

Leitsymptome
- versuchsweise bei Osteosarkomen
- versuchsweise bei Tumoren allgemein

Modalitäten
↓ körperliche Belastung
↑ im Liegen, Ruhe

Dosierung
3-mal täglich 5 Globuli

▸▸ Kreosotum D6 (Buchenholzkreosot)

Causa/Lokalisation
- maligne Tumoren

Leitsymptome
- Tumoren bei älteren Tieren mit Abmagerung und Kachexie
- versuchsweise bei maligen Tumoren
- geschwürige, leicht blutende Tumoren

Modalitäten
↓ Kälte, frische Luft, Ruhe, abends und nachts
↑ Wärme, Druck

Dosierung
3-mal täglich 5 Globuli

▶▶ Silicea D12 (Kieselsäure)

Causa/Lokalisation
- benigne oder maligne Tumoren

Leitsymptome
- knotige und verhärtete Tumoren
- Bindegewebstumoren
- leicht blutende Tumoren

Modalitäten
↓ Kälte, frische Luft, Ruhe, abends und nachts
↑ Wärme, Druck

Dosierung
2-mal täglich 5 Globuli

▶▶ Symphytum D3 (Beinwurz, Beinwell)

Causa/Lokalisation
- Tumoren im Knochen-Periost-Bereich

Leitsymptome
- knotige und verhärtete Tumoren
- Schmerzen

Modalitäten
↓ Berührung, heftige und ruckartige Bewegungen
↑ keine Angaben

Dosierung
3-mal täglich 5 Globuli

▶▶ Thuja D12 (Lebensbaum)

Causa/Lokalisation
- konstitutionelle Behandlung einer Tumorerkrankung durch Erhöhung der körpereigenen Abwehrkräfte
- Tumoren der Haut und Schleimhäute

- bevorzugte Körperteile: Augenlider, Ohren, Nase, Bauch, Gesäuge und Geschlechtsorgane

Leitsymptome
- knotige und hängende Mammatumoren bei Tieren, die dem Thuja-Bild entsprechen
- schwammige, blumenkohl- und polypenartige Neubildungen
- Übergang Haut-Schleimhaut
- Neigung zu Blutung, Juckreiz, Verhärtung, Verhornung und Dunkelpigmentierung
- Versuchsweise bei Tumoren als Impffolge

Modalitäten
↓ abends, nachts, Kälte und Nässe, Wetterwechsel
↑ Bewegung, Wärme

Dosierung
2-mal täglich 5 Globuli

▶▶ Viscum album D6 (Mistel)

Causa/Lokalisation
- maligne Tumoren
- biologische Tumortherapie in Form einer Injektionsbehandlung

Leitsymptome
- kleinere Mammatumoren bei übergewichtigen, älteren Tieren mit beginnender Herzinsuffizienz und Lungenödem
- Stärkung des Allgemeinbefindens durch positive Wirkung auf Herz und Kreislauf

Modalitäten
↓ Winter, Kälte und Sturm, Bewegung, in Linkslage
↑ im Freien

Dosierung
3-mal täglich 5 Globuli

Vergiftung

2

Beschreibung der Erkrankung und mögliche Ursachen

Hunde und Katzen können mit zahlreichen chemischen und toxischen Substanzen in Berührung kommen, die zu Vergiftungserscheinungen führen. Dazu gehören beispielsweise Pestizide, Insektizide, chemische Arzneimittel, Haushaltsreiniger oder Frostschutzmittel. Auch an die Aufnahme giftiger Pflanzen im Garten oder Wald, Giftköder beim Spaziergang oder an Ratten- bzw. Mäusegift ist zu denken.

Nicht immer müssen derart gefährliche Substanzen hinter einer Vergiftung stehen; auch einfaches Überfressen bei gierigen Tieren oder die Aufnahme von Verdorbenem beim Spaziergang, eine Narkose oder die wiederholte Einnahme chemischer Arzneimittel wie Antibiotika, Cortison oder Schmerzmittel können zu einer Überlastung der Entgiftungsorgane Leber und Niere führen und sich symptomatisch in Form von Verdauungsbeschwerden oder Störungen des Allgemeinbefindens zeigen.

Symptome

- Inappetenz
- Erbrechen
- Durchfall
- Kolik
- Blähungen
- Schwäche
- Störungen des Allgemeinbefindens
- Ratten- und Mäusegift: Blutungen aus Maul, Nase, Genitalöffnung und After sowie innere Blutungen

Wichtig

Bei hochakuten und schweren Vergiftungen oder nicht zuzuordnenden Ursachen für die Beschwerden des Tieres ist sofort ein Tierarzt aufzusuchen. Das homöopathische Simile kann als Add-on-Therapie und in Absprache mit dem Tierarzt gegeben werden.

Therapie

▶▶ Arsenicum album D12 (weißer Arsenik)

Causa/Lokalisation

- Folge von Verdorbenem und Giften
- Magen-Darm-Infektion und Vergiftung: Tier hat draußen etwas gefressen
- Leber- und Nierenschädigung bei und nach Vergiftungen

Leitsymptome

- übelriechender Durchfall und Erbrechen: akut und chronisch
- Schwäche
- Futterverweigerung und Abmagerung
- starker Durst: Tiere trinken häufig kleine Mengen, die eventuell gleich wieder erbrochen werden

Modalitäten

↓ nachts, nach Mitternacht bis 3 Uhr, Kälte, Berührung, Ruhe
↑ Wärme, warme Umschläge

Dosierung

2-mal täglich 5 Globuli; bei akuten Vergiftungen auch als Wasserauflösung: 5 Globuli einer Potenz C30 in 100 ml Wasser auflösen, dem Vierbeiner alle halbe Stunde ca. 10 ml bis zur Besserung der Beschwerden geben

▶▶ Flor de piedra D4 (Steinblüte)

Causa/Lokalisation

- akute Leber- und Nierenschädigung bei oder nach Vergiftung

Leitsymptome

- Verlangsamung aller Lebensvorgänge und Reaktionen: langsame Nahrungs- und Flüssigkeitsaufnahme, erschwerte und langsame Bewegung
- Wechsel zwischen den Reaktionsformen: wechselhafte Kotbeschaffenheit, Verhalten wechselt zwischen ängstlich-lebhaft und apathisch

- Berührungsempfindlichkeit in der Lebergegend und über den Akupunkturpunkten der Leber (Leberschmerzpunkte)
- Durst: große, lange Schlucke
- Appetitlosigkeit

Modalitäten
↓ Anstrengung, Wetterwechsel
↑ Bewegung

Dosierung
3-mal täglich 5 Globuli

▸▸ Lycopodium D12 (Bärlapp)

Causa/Lokalisation
- chronische Leber- und Nierenschädigung bei oder nach Vergiftung

Leitsymptome
- Appetit gering oder wechselhaft
- Lebergegend ist berührungsempfindlich
- Magenfunktion ist herabgesetzt: Übelkeit, Aufstoßen
- Verstopfung oder übelriechende, gelbbraune oder grüne dünne Stühle oder fester Stuhl zu Beginn, dann weich
- wenig Durst
- „altes“ Aussehen, ungepflegtes Fell, unangenehmer Geruch
- Erschöpfung

Modalitäten
↓ Wärme, Ruhe, von 16–20 Uhr, rechte Seite
↑ Bewegung, kühle Luft, nach Mitternacht

Dosierung
2-mal täglich 5 Globuli

▸▸ Nux vomica D12 (Brechnuss)

Causa/Lokalisation

- Magen-Darm-Schädigung und Leberschädigung bei und nach Vergiftung
- Folge von übermäßiger Arzneimittelgabe, Antibiose oder Narkose

Leitsymptome

- Durchfall mit Erbrechen, Blähungen und Kolik
- Reisekrankheit mit Unruhe, Übelkeit und Erbrechen

Modalitäten

↓ frühmorgens zwischen 3 und 4 Uhr, Kälte und Wind, Lärm, Berührung, Überanstrengung
↑ abends, Wärme, Ruhe

Dosierung

2-mal täglich 5 Globuli

▸▸ Okoubaka D2 (Schwarzafrikanischer Rindenbaum)

Causa/Lokalisation

- akute Vergiftung durch Pestizide, Insektizide und andere chemische Substanzen
- nach Antibiose
- Folge von Aufnahme von verdorbenem Futter

Leitsymptome

- Durchfälle, die wundmachend, wässrig, graugrün und unwillkürlich sind
- Übelkeit
- Bauchschmerzen
- Blähungen
- Tier erholt sich nur langsam nach der Vergiftung: resttoxische Zustände

Modalitäten

↓ Arzneimittel, Toxine
↑ Fasten

Dosierung

3-mal täglich 5 Globuli; bei hochakuten Beschwerden alle 30–60 Minuten eine Dosis Okoubaka D6, bis sich die Beschwerden bessern, dann für 1–2 Wochen – je nach Stärke der Symptomatik – auf eine Tagesdosis von 3-mal täglich 5 Globuli reduzieren

Verstopfung (Obstipation)

Beschreibung der Erkrankung und mögliche Ursachen

Katze und Hunde setzen in der Regel einmal innerhalb von 24 Stunden Kot ab. Das kann abhängig von der Ernährung auch variieren, aber die Zeitspanne sollte nicht länger als 48 Stunden dauern.

Verstopfung ist keine eigenständige Erkrankung, sondern ein Symptom, dass beispielsweise durch eine konstitutionelle Verdauungsinsuffizienz, eine Stoffwechselschwäche oder in Folge von Leber- und Nierenerkrankungen auftritt. Erkrankungen des Rückenmarks und der Nerven wie Bandscheibenvorfall oder Spondylose können Schmerzen oder Lähmungserscheinungen hervorrufen, die ebenfalls das Risiko für eine Obstipation erhöhen. Fremdkörper, Verwachsungen oder Tumoren im Darm zählen auch zu möglichen Ursachen, genauso wie eine mangelnde Wasseraufnahme bei Ernährung durch Trockenfutter, Übergewicht und Bewegungsmangel.

Symptome

- Stuhlverstopfung
- Stuhlabsatzschwierigkeiten: Absetzen von harten, trockenen Kotballen
- Kotdrang
- Bauchschmerzen, Kolikschmerzen
- Unruhe oder Erschöpfung
- Blähungen
- Appetitlosigkeit, Inappetenz
- Erbrechen

Wichtig

Bei einer Neigung zu Verstopfung kann es hilfreich sein, von Trockenfutter auf Nassfutter oder BARF-Ernährung, die ebenfalls mehr Feuchtigkeit enthält, umzustellen.

Schlimmstenfalls kann aus einer hartnäckigen chronischen Obstipation – gepaart mit weiteren Risikofaktoren wie beispielsweise Verengungen, Verwachsungen und Einstülpungen im Darm oder Erkrankungen der Wirbelsäule mit Lähmungen – ein Darmverschluss resultieren. Das gesamte Lumen des Darms ist verschlossen, sodass der Speisebrei nicht weiter transportiert werden kann. Wenn Tiere länger keinen Stuhl abgesetzt haben und wiederholt und in kürzeren Abständen erbrechen, unruhig oder apathisch sind, ist sofort ein Tierarztbesuch nötig. Jeder Verdacht auf einen Darmverschluss ist bereits ein Notfall, es handelt sich um eine lebensbedrohliche Erkrankung.

Therapie

▸▸ Bryonia D6 (Zaunrübe)

Causa/Lokalisation

- Verstopfung mit großem Durst

Leitsymptome

- Kot hart, trocken, dick und groß
- Kot löst sich nur unter großer Anstrengung
- Druck bessert: Tiere liegen auf der schmerzhaften Seite
- starker Durst: Tiere trinken große Mengen

Modalitäten

↓ Bewegung, Berührung, Wärme, morgens, Anstrengung
↑ Ruhe, leichter Gegendruck, Kälte

Dosierung

3-mal täglich 5 Globuli

▸▸ Calcium carbonicum D12 (Calciumcarbonat, Austernschalenkalk)

Causa/Lokalisation

- Verstopfung bei Neugeborenen und Jungtieren
- Einsatz als Konstitutionsmittel, wenn zum Typ des Tieres passend

Leitsymptome

- großer Appetit
- Neigung zu Fettleibigkeit
- Tiere fühlen sich wohl bei Verstopfung
- Jungtiere fressen Schmutz und andere unverdauliche Dinge und lecken an Lehm, Sand und Steinen
- Tiere sind schwerfällig, kräftig gebaut und haben eine schlaffe Haut

Modalitäten

↓ körperliche Anstrengung und Bewegung, Schwitzen, Kälte und Nässe, Frühjahr

↑ Wärme, trockenes Wetter

Dosierung

2-mal täglich 5 Globuli

▸▸ Graphites C30 (Reißblei)

Causa/Lokalisation

- chronische Verstopfung bei erwachsenen, übergewichtigen und gefräßigen Tieren
- Einsatz als Konstitutionsmittel, wenn zum Typ des Tieres passend: „hypothyreoter Typ“: Beziehung zur Schilddrüse in Form einer Unterfunktion

Leitsymptome

- großer Appetit
- Neigung zu Fettleibigkeit
- Stoffwechselstörungen mit Übergewicht und chronischer Obstipation, die zu Hautbeschwerden führen

Modalitäten

↓ morgens und abends, Kälte und Zugluft

↑ Wärme, nach dem Fressen

Dosierung

Einzelgaben zu 5 Globuli

▶▶ Lycopodium D12 (Bärlapp)

Causa/Lokalisation

- chronische Verstopfung durch Verdauungsinsuffizienz mit Blähsucht und Blähungen
- Einsatz als Konstitutionsmittel, wenn zum Typ des Tieres passend

Leitsymptome

- Kotdrang, zum Teil vergeblich
- Kot hart und klumpig
- Blähungen
- Verstopfung oder fester Stuhl zu Beginn, dann weich
- wenig Durst
- Appetit gering oder wechselhaft
- Übelkeit und Aufstoßen

Modalitäten

↓ Wärme, Ruhe, von 16–20 Uhr, rechte Seite
↑ Bewegung, kühle Luft, nach Mitternacht

Dosierung

2-mal täglich 5 Globuli

▶▶ Nux vomica D12 (Brechnuss)

Causa/Lokalisation

- Verstopfung nach Nahrungsabusus, Vergiftungen oder durch mangelnde Bewegung
- Einsatz als Konstitutionsmittel, wenn zum Typ des Tieres passend: Verdauungsschwächlinge: Tiere sind mager, hungrig, verstopft und vertragen das Futter schlecht

Leitsymptome

- spastische Verstopfung
- Kotdrang
- schmerzhaftes Abdomen, Kolik
- Blähungen

- Verstopfung abwechselnd mit Durchfall
- Reisekrankheit mit Unruhe, Übelkeit und Erbrechen

Modalitäten

↓ frühmorgens zwischen 3 und 4 Uhr, Kälte und Wind, Lärm, Berührung, Überanstrengung
↑ abends, Wärme, Ruhe

Dosierung

2-mal täglich 5 Globuli

Warzen

Beschreibung der Erkrankung und mögliche Ursachen

Warzen können vereinzelt oder gruppenförmig in unterschiedlicher Größe am ganzen Tierkörper auftreten und kommen relativ häufig vor. Es handelt sich um schnellwachsende, gutartige Tumoren, die sich in der Regel aus der oberen Hautschicht bilden.
Warzen bei Hund und Katze werden meistens durch das Papilloma-Virus hervorgerufen – daher auch die Bezeichnung Papillome. Das Virus wird von Tier zu Tier übertragen; die Warzen entwickeln sich auf der Haut oder den Schleimhäuten. Sehr junge Tiere im Wachstum sowie ältere Tiere, Tiere mit Vorerkrankungen und/oder einem geschwächten Immunsystem, auch als Folge von Impfungen, sind anfälliger für das Papilloma-Virus und damit für die Entwicklung von Warzen.

Symptome

- Warzen unterschiedlicher Größe, von Millimeter bis zu einigen Zentimetern
- Warzen glatt, flach oder gestielt, verhornt oder blumenkohlartig
- Juckreiz
- Blutungsneigung, rissige Oberfläche
- Warzen mit Sekret bedeckt
- Warzen dunkelbraun, grau oder schwarz

Wichtig

Papillome sind für den Menschen nicht ansteckend.
Bei den typischen blumenkohlartigen Warzen, die zum Arzneimittelbild von Thuja passen, ist auch eine externe Anwendung möglich. Die Warzen werden mit Thuja-Urtinktur betupft, wobei bei Tieren mit hellem Fell daran gedacht werden muss, dass die Urtinktur das Fell verfärbt.

In der Regel handelt es sich bei Warzen um ein rein kosmetisches Problem, dass nicht unbedingt behandlungsbedürftig ist. Das körpereigene Immunsystem ist nicht selten in der Lage, das Papilloma-Virus zu „bekämpfen", sodass die Warzen ohne Behandlung verschwinden. Sollten die Warzen an problematischen Körperstellen, z. B. an der Maulschleimhaut oder am After, mit daraus resultierender Blutungsneigung auftreten, empfehlen sich statt einer sofortigen operativen Entfernung die unten genannten homöopathischen Mittel.

Therapie

▸▸ Causticum D12 (Ätzkalk)

Causa/Lokalisation

- neben Thuja, dem Hauptwarzenmittel, ein weiteres wichtiges Mittel

Leitsymptome

- kleine und große Warzen
- Warzen glatt oder verhornt
- schmieriges Sekret
- Blutungsneigung
- Wulstbildung, z. B. im äußeren Gehörgang

Modalitäten

↓ schönes und kaltes Wetter, Aufregung und Schreck
↑ feuchtes Wetter, warme Luft, Durchnässung

Dosierung

2-mal täglich 5 Globuli

▸▸ Staphisagria D12 (Stephanskraut)

Causa/Lokalisation

- Warzen vor allem im Bereich von Körperöffnungen

Leitsymptome

- kleine, stark juckende Warzen
- gestielte Feigwarzen
- Blutungsneigung
- im Bereich von Körperöffnungen, z. B. am After

Modalitäten

↓ Kälte, morgens nach dem Schlaf, Ärger und Kummer, Berührung der betroffenen Teile

↑ Wärme, Ruhe, Bewegung an frischer Luft

Dosierung

2-mal täglich 5 Globuli

▸▸ Thuja D12 (Lebensbaum)

Causa/Lokalisation

- Hauptwarzenmittel
- Warzen, blumenkohlartige und schwammige Wucherungen und Neubildungen der Haut und Schleimhaut, die leicht bluten und jucken
- Warzen als Folge einer Impfung

Leitsymptome

- Warzen am Übergang Haut und Schleimhaut
- blumenkohlartige oder gestielte Warzen
- Blutungsneigung
- Neigung zu Verhornung, Verhärtung und Dunkelpigmentierung
- Juckreiz

Modalitäten

↓ abends, nachts, Kälte und Nässe, Wetterwechsel

↑ Bewegung, Wärme

Dosierung

2-mal täglich 5 Globuli

Wunden

Beschreibung der Erkrankung und mögliche Ursachen

Bei Hunden und insbesondere Freigängern unter den Katzen kann es zu den verschiedensten Verletzungen und Wunden kommen. Neben Schürfwunden beispielsweise durch Unfälle, bei denen mehr oder weniger große und tiefe Abschürfungen an der Hautoberfläche auftreten, kann es durch spitze Fremdkörper, wie Dornen, Grannen oder Glassplitter, zu Stichwunden und durch Bisse oder Hängenbleiben an Zäunen oder ähnlichen Gegenständen zu Risswunden kommen. Auch eine Schnittwunde im Rahmen einer Operation kann unter Umständen schlecht heilen und bedarf der Unterstützung in der Wundheilung.

Symptome

- frische und ältere Wunden
- Punkt-, Stich- oder Schnittwunden
- verschmutzte, infizierte Wunden
- Blutung
- Bluterguss (Hämatom)
- Schmerzen
- Juckreiz, erkennbar durch Lecken oder Kratzen

Wichtig

Wunden können auch äußerlich behandelt werden: Mehrmals täglich warme Umschläge mit verdünnter Calendula-Essenz oder kalte Umschläge mit verdünnter Ledum-Tinktur wirken schmerzlindernd und unterstützen die Wundheilung.

Zusammen mit Calendula-Essenz kann die Ledum-Tinktur bei Wunden angewendet werden, bei denen auch Sehnengewebe, Knochenhaut oder Knochen betroffen sind, um der Bildung von wildem Fleisch entgegenzuwirken.

Auch Symphytum kann äußerlich bei Wunden eingesetzt werden, bei denen Knochenhaut und Knochen betroffen sind.

Therapie

▶▶ Arnica D6 (Bergwohlverleih)

Causa/Lokalisation

- frische Wunden als Folge einer stumpfen Verletzung

Leitsymptome

- frische Wunden und Quetschungen: Arnica fördert die Wundheilung
- frische Hämatome
- hellrote Blutung, Blutverlust
- Tiere reagieren an der betroffenen Stelle sehr empfindlich auf Berührung

Modalitäten

↓ Bewegung, Berührung
↑ Ruhe, Liegen

Dosierung

3-mal täglich 5 Globuli

▶▶ Calendula D2 (Ringelblume)

Causa/Lokalisation

- Hauptmittel für die Wundbehandlung: Calendula wirkt antiseptisch und granulationsfördernd und beugt der Bildung von wildem Fleisch vor

Leitsymptome

- offene rohe Wunden mit entzündeten Wundrändern und Schmerzen
- verschmutzte Wunden
- ältere, infizierte und schlecht heilende Wunden
- schlecht heilende Operationswunden, Narben heilen nicht oder heilen wulstig

Modalitäten

↓ Kälte, Bewegung
↑ Ruhe

Dosierung

3-mal täglich 5 Globuli

▸▸ Hamamelis D3 (Virginischer Zauberstrauch)

Causa/Lokalisation

- Wunden, Blutungen und Entzündungen nach Quetschung, Verletzung, Stoß und Schlag
- nach Operationen vorbeugend geben, um Blutungen zu verhindern

Leitsymptome

- Bluterguss mit blauroter Verfärbung
- venöse Blutungen
- offene schmerzhafte Wunden

Modalitäten

↓ feuchtwarme Luft, Bewegung
↑ frische Luft, Ruhe

Dosierung

3-mal täglich 5 Globuli

▸▸ Ledum D6 (Sumpfporst)

Causa/Lokalisation

- Folge von Punkt- und Stichwunden: Ledum wirkt entzündungshemmend und schmerzlindernd

Leitsymptome

- punktförmige Wunden, z. B. durch Nägel, Dornen und Splitter
- Stichverletzungen
- bläulich-rote Verfärbung der Wundstelle
- keine oder wenig Eiterung
- Schmerzen

Modalitäten

↓ nachts, Wärme und Berührung
↑ Kälte, kalte Umschläge

Dosierung
3-mal täglich 5 Globuli

▸▸ Silicea D6 (Kieselsäure)

Causa/Lokalisation
- Folge von verzögerter Wundheilung

Leitsymptome
- schlechte Wundheilung
- jede kleinste Verletzung eitert
- chronische Eiterungen mit Fistelbildung
- Eiterungen sind reaktionsträge, schmierend und chronisch

Modalitäten
↓ Kälte, kaltes Wasser
↑ Wärme, Sommer, feuchtes und nasses Wetter

Dosierung
3-mal täglich 5 Globuli

▸▸ Staphisagria D6 (Stephanskraut)

Causa/Lokalisation
- Folge von Schnitt-, Stich- und Bisswunden

Leitsymptome
- Stich- und Bisswunden
- Schnittwunden, auch nach Operationen
- Schmerzen
- starker Juckreiz, Lecken, Ungeduld

Modalitäten
↓ Kälte, morgens nach dem Schlaf, Ärger und Kummer, Berührung der betroffenen Teile
↑ Wärme, Ruhe, Bewegung an frischer Luft

Dosierung
3-mal täglich 5 Globuli

▸▸ Symphytum D3 (Beinwurz, Beinwell)

Causa/Lokalisation

- Folge von traumatischen Verletzungen und Wunden, die bis auf die Knochenhaut und den Knochen reichen

Leitsymptome

- Wundheit an der Knochenhaut
- Schmerzen

Modalitäten

↓ Berührung, heftige und ruckartige Bewegungen
↑ keine Angaben

Dosierung

3-mal täglich 5 Globuli

Zahnfleisch- und Maulschleimhautentzündung

Beschreibung der Erkrankung und mögliche Ursachen

Zahnfleischentzündung (Gingivitis) und Maulschleimhautentzündung (Stomatitis) sind bei Hund und Katze häufig Folgen von Plaque- und Zahnsteinbildung. Die bakterielle Besiedlung der Zahnoberfläche führt im Kontaktbereich mit dem Zahnfleisch zu einem erhöhten Risiko für die Entzündung der Schleimhaut.

Zahnfleisch- und Maulschleimhautentzündung können aber auch Begleitsymptom einer chronischen Niereninsuffizienz (▸Niereninsuffizienz) oder die Folge eines geschwächten Immunsystems sein oder durch Eindringen von Fremdkörpern verursacht werden. Bei Katzen kann es zudem durch die sogenannte FORL-Erkrankung, einer chronisch-degenerativen Erkrankung der Zähne mit Auflösen von Zahn und Zahnwurzel, zu Entzündungssymptomen der Schleimhaut im Maulbereich kommen.

Symptome

- Maulgeruch
- Entzündung von Zahnfleisch und Maulschleimhaut
- gerötete und geschwollene Maulschleimhaut
- Blutungen
- Schmerzen
- Speichelfluss
- Schleimhautgeschwüre

Wichtig

Eine alleinige homöopathische Behandlung der Zahnfleisch- und Maulschleimhautentzündung reicht nicht aus, wenn die Ursache nicht behandelt wird. Wenn Zahnstein die Ursache ist, muss dieser manuell oder operativ entfernt werden. Bei einer Grunderkrankung wie Niereninsuffizienz, Immunschwäche oder FORL muss diese ebenfalls behandelt werden.

Bei schwerer chronischer Geschwürbildung im Maulbereich kann es sein, dass Mercurius sublimatus corrosivus nicht mehr hilft. Dann wird Kreosotum auf seine Wirkung geprüft. Die Reihenfolge Mercurius solubilis, Mercurius sublimatus corrosivus, Kreosotum hat sich je nach Schweregrad der Entzündung in der Praxis bewährt.

Therapie

▸▸ Calendula D2 (Ringelblume)

Causa/Lokalisation

- Hauptmittel für jede Form von Wundbehandlung
- Calendula wirkt antiseptisch und fördert die Wundheilung

Leitsymptome

- Entzündung von Zahnfleisch und Maulschleimhaut
- gerötete Maulschleimhaut
- Schmerzen
- unterstützt die Wundheilung bei größeren Wunden im Maul nach dem Zähne ziehen

Modalitäten

↓ Kälte, Bewegung
↑ Ruhe

Dosierung

3-mal täglich 5 Globuli

▸▸ Chamomilla D6 (Kamille)

Causa/Lokalisation

- akute Zahnfleisch- und Maulschleimhautentzündung während des Zahnens oder des Gebisswechsels
- Zahnungsbeschwerden: Schwierigkeiten und Schmerzen bei der Zahnung bei Jungtieren

Leitsymptome

- Entzündung von Zahnfleisch und Maulschleimhaut
- weitere Beschwerden, die mit dem Zahnen verbunden sind, wie reizbares Verhalten, Maulgeruch oder Durchfall
- Tiere sind bei Krankheit sehr übellaunig und gereizt

Modalitäten

↓ nachts, Berührung, Aufregung, feuchtkaltes Wetter, Wärme
↑ Bewegung: Beschwerden bessern sich, wenn die Patienten herumgetragen werden

Dosierung

3-mal täglich 5 Globuli

▸▸ Echinacea D1 (Sonnenhut)

Causa/Lokalisation

- Folge einer Entzündung im Bereich von Zähnen und Maulhöhle
- antiseptische und „antibiotische" Wirkung
- stabilisiert das Immunsystem bei allen bakteriellen Entzündungen

Leitsymptome

- Entzündung von Zahnfleisch und Maulschleimhaut
- gerötete Maulschleimhaut
- unterstützt die Wundheilung

Modalitäten

↓ abends, Kälte, nach körperlicher Anstrengung
↑ Ruhe

Dosierung

3-mal täglich 5 Globuli

▸▸ Kreosotum D6 (Buchenholzkreosot)

Causa/Lokalisation

- chronische Entzündung von Zahnfleisch und Maulschleimhaut
- Schleimhautentzündung mit rascher Geschwürbildung

Leitsymptome

- Maulgeruch durch entzündetes und leicht blutendes Zahnfleisch
- eitrige und blutige Geschwüre im Maulbereich
- Speichelfluss
- Schmerzen

Modalitäten

↓ Kälte, frische Luft, Ruhe, abends und nachts
↑ Wärme, Druck

Dosierung

3-mal täglich 5 Globuli

▸▸ Mercurius solubilis D6 (Quecksilber)

Causa/Lokalisation

- chronische Zahnerkrankung und Erkrankung der Maulhöhle mit Parodontose, Stomatitis und Gingivitis

Leitsymptome

- fauliger Maulgeruch
- Entzündung von Zahnfleisch und Maulschleimhaut
- Schleimhautblutungen
- dick geschwollene, weiß belegte Zunge mit tiefen Zahneindrücken
- Speichelfluss mit fadenziehendem Speichel

Modalitäten

↓ Kälte und Wärme, nachts
↑ gemäßigte Temperaturen, Ruhe

Dosierung

3-mal täglich 5 Globuli

▸▸ Mercurius sublimatus corrosivus (Quecksilberchlorid)

Causa/Lokalisation

- chronische Geschwüre und geschwürige Entzündung der Maulschleimhaut

Leitsymptome

- fauliger Maulgeruch
- Entzündung von Zahnfleisch und Maulschleimhaut
- Schleimhautblutungen
- dick geschwollene, weiß belegte Zunge mit tiefen Zahneindrücken
- Speichelfluss mit fadenziehendem Speichel
- rasche Krankheitsausbreitung
- starke Schmerzen

Modalitäten

↓ Kälte und Wärme, nachts
↑ gemäßigte Temperaturen, Ruhe

Dosierung

3-mal täglich 5 Globuli

Zerrung, Verstauchung (Distorsion)

Beschreibung der Erkrankung und mögliche Ursachen

Zerrungen und Verstauchungen gehören zu den stumpfen Traumata, bei denen Gelenke, Muskeln und Bänder betroffen sind, ohne dass die Haut sichtbar verletzt ist. Stumpfe Traumata passieren bei Hunden und Katzen schnell, beispielsweise beim Rennen, Toben mit Artgenossen, Spielen und Jagen oder auch bei Stürzen aus größerer Höhe.

Bei einer Zerrung werden Muskeln und Bänder überdehnt. Eine Distorsion hingegen ist eine Verletzung von Gelenkkapsel und Bandapparat und kommt durch übermäßige Bewegung des Gelenks zustande, z. B. beim Umknicken oder Verdrehen des Gelenks. Bänder bestehen aus elastischen Kollagenfasern. Wird der Zug auf die Fasern aufgrund des Traumas zu stark, kommt es zu einer Überdehnung der Bänder und einer Schädigung des umliegenden Gewebes. Da bei einer Distorsion oft kleinere Blutgefäße der Kapsel einreißen, schwillt die Verletzungsstelle an und es bildet sich ein Bluterguss.

Symptome

- Lahmheit
- Schmerzen: erkennbar durch Jaulen, Wimmern, Zittern
- betroffene Gliedmaße wird nicht mehr belastet
- geschwollenes Gelenk, Hämatom

Wichtig

Die homöopathische Behandlung kann zumindest bei Hunden durch eine äußere Behandlung unterstützt werden, z. B. mit Retterspitz-Wickeln. Katzen werden sich diese Behandlung in der Regel nicht gefallen lassen.

Therapie

▶▶ Arnica C30 (Bergwohlverleih)

Causa/Lokalisation

- akute Zerrung oder Distorsion als Folge einer stumpfen Verletzung, Sturz oder Schlag

Leitsymptome

- akute frische Zerrung und Distorsion
- Lahmheit, Schmerzen
- Berührungsempfindlichkeit
- Schwellung, Hämatom

Modalitäten

↓ Bewegung, Berührung
↑ Ruhe, Liegen

Dosierung

eine Gabe Arnica C30 direkt nach dem Trauma oder bei den ersten Symptomen; alternativ: 3-mal täglich 5 Globuli Arnica D6

▶▶ Bellis perennis D6 (Gänseblümchen)

Causa/Lokalisation

- akute Zerrung oder Distorsion

Leitsymptome

- Schmerzen
- Tiere zeigen Bewegungsdrang trotz Schmerzen

Modalitäten

↓ Wärme und Hitze, kalter Wind, Anstrengung
↑ Reiben, fortgesetzte Bewegung

Dosierung

3-mal täglich 5 Globuli

▶▶ Bryonia D6 (Zaunrübe)

Causa/Lokalisation

- akute Zerrung oder Distorsion mit sehr hoher Schmerzhaftigkeit

Leitsymptome

- akute Beschwerden, die sich langsam entwickeln
- starke, stechende Schmerzen bei der geringsten Bewegung: jede Bewegung verschlimmert
- Überwärmung und Schwellung des Gelenks
- Tiere sind extrem reizbar durch die Schmerzen oder sie sind apathisch und bleiben unbeweglich liegen

Modalitäten

↓ Bewegung, Berührung, Wärme, morgens, Anstrengung
↑ Ruhe, leichter Gegendruck, Kälte

Dosierung

3-mal täglich 5 Globuli

▶▶ Calcium fluoratum D12 (Calciumfluorid)

Causa/Lokalisation

- allgemeine Bänderschwäche
- Wirkung auf Bindegewebe und Gelenkstabilität, insbesondere bei Jungtieren

Leitsymptome

- Schwäche der Gelenke durch Erschlaffung des elastischen Bindegewebes
- starkes Durchtreten, was das Risiko für Zerrungen und Distorsionen erhöht

Modalitäten

↓ feuchtheißes Wetter, Ruhe, Wetterwechsel
↑ Wärme, Bewegung

Dosierung

2-mal täglich 5 Globuli

▶▶ Rhus toxicodendron D12 (Giftsumach)

Causa/Lokalisation

- akute und chronische Zerrung oder Distorsion, auch als Folge von Überanstrengung
- Rhus toxicodendron hat eine spezifische Wirkung auf Sehnen, Bänder, Gelenke und Muskelgewebe

Leitsymptome

- Lahmheit, insbesondere am Anfang der Bewegung, nach den ersten Schritten bessert sich die Lahmheit, die Tiere „laufen sich ein"
- Schmerzen in der Ruhe, daher Bewegungsdrang und Ruhelosigkeit

Modalitäten

↓ nachts, Ruhe, Nässe und Kälte, Aufstehen und zu Beginn der Bewegung, zu viel Belastung
↑ Wärme, ständige gemäßigte Bewegung

Dosierung

2-mal täglich 5 Globuli

▶▶ Ruta D6 (Gartenraute, Edelraute)

Causa/Lokalisation

- akute und chronische Zerrung oder Distorsion mit Schädigung und Verletzung von Periost, Knorpeln, Band- und Sehnenansätzen
- Folge von Quetschung, Schlag und Sturz

Leitsymptome

- Lahmheit
- starke Schmerzen
- Schmerzen in der Ruhe, daher Bewegungsdrang und Ruhelosigkeit

Modalitäten

↓ Ruhe, aber auch Überanstrengung, nasses und kaltes Wetter
↑ Bewegung, Wärme

Dosierung

3-mal täglich 5 Globuli

Teil 3
Homöopathische Arzneimittelbilder

Acidum formicicum (Ameisensäure)

Causa/Lokalisation

- Haut und Schleimhäute
- Lunge
- Gelenke, Sehnen und Schleimbeutel

Allgemeine Wirkungen

Acidum formicicum ist ein Umstimmungsmittel, das in der Behandlung von subakuten und chronischen Allergien eingesetzt wird. Es dient der nachhaltigen Besserung und Ausheilung der Beschwerden und wirkt auf Haut, Atemwege und den Bewegungsapparat.

Leitsymptome

- trockene und nässende Ekzeme mit Juckreiz
- urtikarielle Exantheme
- juckende und tränende Augen
- Fließschnupfen
- Deformationen der Gelenke und des Gelenkknorpels
- Schwäche und Zittern
- plötzliches Auftreten der Beschwerden

Modalitäten

↓ Kälte, Nässe, Bewegung
↑ Wärme, Druck, Ruhe

Bewährte Indikationen

- Allergien der Haut und Schleimhäute
- Atopien und Futtermittelallergien
- allergisches Asthma
- akute Gelenkentzündungen
- Arthrose

Konstitution des Tieres

- apathische und müde Tiere
- Tiere wollen von ihrer Umgebung nichts wissen oder sie sind sehr anhänglich

Potenzen

- D6, D12

Tipp

Acidum formicicum wird mit dem homöopathischen Simile kombiniert.

Aconitum (Blauer Eisenhut)

Causa/Lokalisation

- Erkältung als Folge von Kälte und Zugluft
- abrupter Temperatur- und Klimawechsel
- Folge von Schock, Schreck und Angst
- körperliche und geistige Unruhe und Panik
- Herzbeschwerden

Allgemeine Wirkungen

Aconitum ist ein Akut- und Notfallmittel. Es wirkt nur im ersten Stadium einer Infektion mit hohem Fieber. Die Beschwerden sind stark ausgeprägt, aber noch unspezifisch. Es kann sich um eine infektiöse Gastritis, Lungenentzündung oder Nierenentzündung handeln; für die Wahl von Aconitum ist es unwichtig, um welches Organ bzw. um welche Krankheit es sich handelt. Sobald die Infektion oder Entzündung auf ein Organ übergreift und sich klare Symptome bilden, passt Aconitum nicht mehr und andere Mittel wie z. B. Belladonna (▸ Belladonna) sind indiziert.

Leitsymptome

- hochakute Krankheitsfälle: alles beginnt akut und plötzlich
- rasch einsetzende stürmische Erregung des Kreislaufs mit erhöhter Herzfrequenz, Blutdrucksteigerung und Rötung der Schleimhäute
- beginnendes sehr hohes Fieber mit trockener Haut, Frost, einem beschleunigten Puls, Herzklopfen, Ängstlichkeit, großer Unruhe und starkem Durst
- Mittel des Initialfiebers
- alles ist „heftig und plötzlich“ und mit Angst und Unruhe verbunden

Modalitäten

↓ abends, nachts, Wärme, Wind, Berührung, Liegen auf der schmerzhaften Seite

↑ morgens, frische Luft

Bewährte Indikationen

- Ängste und Panikattacken nach plötzlichem Schreck oder durch lange zurückliegende Traumata
- plötzlich einsetzendes hohes Fieber, akut einsetzende Infektionen
- hochakute Entzündungen durch Verkühlung und Wind
- Bindehautentzündungen nach Verletzung: „Arnica" des Auges
- Herzklopfen, Atemnot und Todesangst
- starker Durst
- Wirkungsdauer nur kurz

Konstitution des Tieres

- vollblütige, kräftige und leicht erregbare Tiere
- ängstlich, unruhig, schreckhaft, mal fröhlich und mal traurig
- Tiere sind überempfindlich gegen Geräusche, Gerüche und Berührungen, mögen nicht angefasst werden

Potenzen

- Verschreibungspflicht bis D3
- bewährt in C30 und höher

Tipp

Eine Anwendung mit Aconitum hat sich als Wasserauflösung bewährt: Dazu 5 Globuli Aconitum C30 in 100 ml Wasser auflösen und alle halbe Stunde 10 ml mit einer Spritze ohne Nadel ins Maul oder über das Futter geben, bis sich die Beschwerden bessern.

Bei lang zurückliegendem Trauma auch als Aconitum C200 zu empfehlen. Voraussetzung ist allerdings eine entsprechende Erfahrung des Anwenders. Sulfur folgt gut auf Aconitum. Oft vollendet Sulfur eine Behandlung, die mit Aconitum begonnen wurde.

Agnus castus (Mönchspfeffer)

Causa/Lokalisation

- Sexualorgane
- Folge von hormonellen Störungen

Allgemeine Wirkungen

Die Hauptwirkung des Mittels richtet sich auf die Sexualorgane und dient der Hormonregulierung. Agnus castus wirkt beruhigend und psychisch ausgleichend.

Leitsymptome

- starker Geschlechtstrieb
- Hormonstörungen
- zickiges und widersetzliches oder depressives Verhalten
- Unruhe und Zittern

Modalitäten

↓ Kälte, Nässe, Druck, Berührung
↑ Wärme, frische Luft

Bewährte Indikationen

- Verhaltens- und Wesensänderungen durch Läufigkeit der Hündin oder Rolligkeit der Katze
- Dominanz und aggressives Verhalten bei männlichen unkastrierten Tieren

Konstitution des Tieres

- sexuell übermäßig erregbare Tiere

Potenzen

- D12

Tipp

Wenn sich die Verhaltensbeschwerden nicht bessern, sind weitere Untersuchungen zur Ursachenfindung nötig. Auch sollte bei Verhaltensstörungen, wenn diese durch Ausgleich der Hormonstörungen nicht behoben werden, ein erfahrener Tiertherapeut helfen. Beispielsweise ist nicht jede Dominanz eines Rüden oder das aggressive Verhalten einer Katze hormonell bedingt.

Allium cepa (Küchenzwiebel)

Causa/Lokalisation

- Erkältungen
- Allergien

Allgemeine Wirkungen

Das Schlüsselsymptom bei Allium cepa ist die Kombination aus scharfem Nasensekret und mildem Tränenfluss.

Leitsymptome

- Augenlider rot und geschwollen
- reichlich milde Tränen
- Augen wie mit einem Film überzogen
- reichlich wässrige und scharfe Absonderungen aus der Nase, die Haut und Schleimhaut reizen

Modalitäten

↓ im Warmen, abends
↑ im Freien, Kälte, Bewegung

Bewährte Indikationen

- Erkältungen mit wässrigen, tränenden Augen, ständigem Niesen und reichlich brennendem Nasensekret
- Allergien der Atemwege
- Bindehautentzündungen
- Schnupfen

Potenzen

- D6, D12

Tipp

Bei Euphrasia sind die Leitsymptome genau umgekehrt wie bei Allium cepa: scharfe, brennende Tränen und milder Schnupfen.

Antimonium crudum (Grauspießglanz)

Causa/Lokalisation

- Haut

Allgemeine Wirkungen

Das homöopathische Mittel Antimonium crudum wird bei Tieren vor allem zur Behandlung schrundiger, rissiger, stark verhornter Hauterkrankungen eingesetzt, die typischerweise am Übergang von Haut und Schleimhaut oder an den Ballen auftreten.

Leitsymptome

- schmerzhafte Verhornungen
- schmerzhafte Schrunden und Risse
- Neigung zu abnormer Hautbildung
- wunde, verkrustete Nasenöffnungen und Maulwinkel
- trockener Nasenspiegel
- dick weiß belegte Zunge

Modalitäten

↓ Hitze, nachts, Berührung
↑ Ruhe, Liegen

Bewährte Indikationen

- trockene, schrundige Hauterkrankungen am Übergang zwischen Haut und Schleimhaut: Maul, Augenlider und Anus
- stark verhornte, schwielig verdickte Ballen
- missgebildete, schief wachsende Krallen mit Krallenbettentzündungen
- verhärtete krustige Warzen
- wässriger, schleimiger Durchfall im Wechsel mit Verstopfung

Konstitution des Tieres

- passt zu plumpen Tieren mit Neigung zu rauer, schuppiger Haut und Verhornungen
- Tiere sind schreckhaft und ängstlich

Potenzen

- D12

Tipp

Bei chronischen Hauterkrankungen mit Verdickung der Haut und Schrundenbildung passt auch Graphites (▶ Graphites).

Apis mellifica (Honigbiene)

Causa/Lokalisation

- allergische Reaktionen an Haut und Schleimhäuten
- Ödeme von Haut und Schleimhäuten
- seröse Häute

Allgemeine Wirkungen

Apis ist wirksam bei plötzlich auftretenden Entzündungen an Haut und Schleimhaut, vor allem an Augen und Hals. Die charakteristischen Wirkungen eines Bienenstiches zeigen die Indikationen für die Anwendung von Apis. Alles ist von großer Unruhe, Unverträglichkeit von Hitze und starker Berührungsempfindlichkeit begleitet.

Leitsymptome

- Ödeme, Schwellungen oder Gedunsensein
- stechende Schmerzen
- Haut ist sehr berührungsempfindlich
- Unverträglichkeit von Hitze
- Durstlosigkeit
- Fieber ohne Durst und mit trockenen Schleimhäuten
- seröse Entzündungen mit Erguss
- Beschwerden treten plötzlich ein
- Beschwerden beginnen rechts, wandern nach links

Modalitäten

↓ nachts, Wärme, Bewegung, Berührung, Schlaf
↑ Kälte, frische Luft, kalte Umschläge

Bewährte Indikationen

- Insektenstiche mit hellroten Ödemen, Schmerzen und Hitze
- Zeckenbisse mit hellroter glasiger Schwellung; Achtung: bei blauroter, harter Schwellung passt Ledum C30, 3 Tage lang je 3 Globuli (▸ Ledum)

- Flohbiss-Allergie
- Lidödeme und Bindehautentzündungen mit Juckreiz, Schwellung und Schmerzen, Ursache: Allergie
- akute Entzündungen mit Rötung, Wärme, Schwellung und brennenden und stechenden Schmerzen, z. B. Halsentzündungen; Hals ist berührungsempfindlich, erkennbar daran, dass das Halsband Schmerzen verursacht
- Entzündungen der Knochenhaut
- Nesselsucht mit juckenden, hellroten Quaddeln auf der Haut
- akute Gesäugeentzündungen (Mastitiden)
- akute Nierenentzündungen
- Fieber ohne Durst

Konstitution des Tieres

- nervös, unruhig, reizbar und überaktiv: tänzelt wie eine Biene umher
- oder apathisch, gleichgültig und erschöpft
- Eifersucht, kann sich bis zur Aggression steigern: „Stich der Biene"
- mag nicht zugedeckt werden aufgrund der Wärmeunverträglichkeit

Potenzen

- bewährt in C30
- Gabe direkt bei den ersten Symptomen der Entzündung bzw. allergischen Reaktion verhindert übermäßige Schwellung und verringert den Schmerz

Tipp

Apis mellifica soll in der Anfangszeit der Trächtigkeit nicht angewendet werden. Es besteht ein Abortrisiko.

Argentum nitricum (Silbernitrat)

Causa/Lokalisation

- Nervensystem
- Schleimhäute von Magen und Darm: Verdauungsstörungen nach nervlicher Überreizung
- alle Arten von Furcht und Angst aufgrund übersteigerter Vorstellungskraft

Allgemeine Wirkungen

Typisch für Argentum nitricum sind Beschwerden durch Aufregung und Erwartungsangst, z. B. vor Prüfungen, Ausstellungen oder Tierarztbesuchen, die sich auf den Verdauungstrakt auswirken.

Leitsymptome

- nervöse Beschwerden
- Lampenfieber und Prüfungsangst
- Aufregungen führen zu nervösem Durchfall
- linksseitiges Mittel

Modalitäten

↓ nachts, Wärme, in engen Räumen, Erregung
↑ Kälte, im Freien, Druck

Bewährte Indikationen

- Lampenfieber und Erwartungsangst mit Reaktion auf den Verdauungstrakt
- Epilepsie durch Angst und Aufregung; Achtung: nur in Absprache mit dem Therapeuten einsetzen

Konstitution des Tieres

- nervöse, unruhige, temperamentvolle Tiere
- Tiere sind übermäßig furchtsam, ängstlich und immer auf der Hut: Typ wie ein „scheues Reh“

Potenzen

- Verschreibungspflicht bis D3
- D12

Tipp

Argentum nitricum ist von Gelsemium abzugrenzen: Bei Argentum nitricum kommt der nervöse Durchfall **vor** und bei Gelsemium **nach** dem angstbesetzten Ereignis.

Arnica (Bergwohlverleih)

Causa/Lokalisation

- Folge einer stumpfen Verletzung, Sturz, Schlag oder Kontusion
- Folge von körperlicher Überanstrengung
- Folge von geistiger Anstrengung oder Schock

Allgemeine Wirkungen

Arnica als homöopathisches Erste-Hilfe-Mittel bzw. Notfallmittel wird bei allen Folgen einer stumpfen Verletzung verabreicht, z. B. nach einem Schlag oder Stoß. Es wirkt entzündungshemmend und schmerzlindernd und fördert die Wundheilung. Die Bildung eines Blutergusses wird verhindert.

Leitsymptome

- Verletzung, Schlag, Stoß, Bluterguss
- Angst und Unruhe
- Wehtun, Zerschlagenheitsgefühl und Muskelschmerzen: Tier bewegt sich nicht
- Muskeltonikum
- alles hat einen fauligen Geruch
- Wirkung auf das Blut

Modalitäten

↓ Bewegung, Berührung
↑ Ruhe, Liegen

Bewährte Indikationen

- Verstauchungen, Prellungen, Zerrungen und Quetschungen mit Lahmheit, Schmerz und Bluterguss
- OP-Vorbereitung und -Begleitung: verbessert die Verträglichkeit der Narkose, wirkt blutungsstillend und schmerzlindernd, fördert die Wundheilung und beugt Komplikationen vor

- blaurote Abszesse, z. B. zwischen den Zehen, die sich das Tier selbst zugefügt hat
- Kopfverletzung mit Gehirnerschütterung
- Fieber ohne Durst
- Nasenbluten
- Folge körperlicher Überanstrengung, verhindert Muskelkater beispielsweise bei Agility- oder Rettungshunden
- Einsatz auch als Prophylaktikum bei körperlicher Anstrengung: Tiere erholen sich schneller; bewährte Kombination: Hypericum D6 und Ruta D6, 3 Tage vor bis 3 Tage nach dem Einsatz

Konstitution des Tieres

- Schwäche und Erschöpfung
- berührungsempfindliche und bewegungsfaule Tiere
- kalte Pfoten und warmer Kopf
- Tiere möchten allein gelassen werden

Potenzen

- bewährt in C30: eine Gabe direkt nach dem Trauma oder bei den ersten Symptomen
- Potenzen unter D6 wirken durchblutungsfördernd

Tipp

Arnica gilt als Erste-Hilfe-Mittel auch bei seelischen Beschwerden. Es wirkt insbesondere bei Verhaltensstörungen nach einem Verletzungstrauma, z. B. Autounfall, wenn sich das traumatisierte Tier durch Nagen an dem verletzten Körperteil verstümmelt (Automutilation). Arnica C30 – und bei Erfahrung des Anwenders mit der Homöopathie auch in C200 – hat sich ebenfalls bei lang zurückliegenden Traumata bewährt (▸Aconitum, ▸Natrium chloratum).

Arsenicum album (weißer Arsenik)

Causa/Lokalisation

- Virusinfektionen
- Folge von Verdorbenem und Giften
- Nervensystem: Ängste und Furcht aufgrund tiefsitzender Unsicherheit
- Verdauungstrakt
- Niere

Allgemeine Wirkungen

Arsenicum album wirkt als Akutmittel vor allem gegen schweren Durchfall und Erbrechen. Außerdem ist es ein wichtiges Typmittel. Es passt zu Tieren, die unter Ängsten leiden, die sehr schreckhaft und nervös sind. Zu den Schlüsselsymptomen gehören der starke Durst, die Rastlosigkeit und die nächtliche Verschlimmerung.

Leitsymptome

- Angst, Panik, Schreckhaftigkeit und starke Unruhe
- trotz der Unruhe starke Erschöpfung und Apathie, reizbare Schwäche
- Durchfall nach Schneefressen
- Gewichtsverlust und Kachexie mit Ekel vor dem Fressen durch schwere Krankheit
- Periodizität, Destruktivität und Chronizität der Beschwerden: alles ist „Zersetzung und Verwesung“
- unstillbarer Durst
- leichenartiger Geruch aller Körperausscheidungen
- bösartiger Verlauf einer Erkrankung
- Blutungsneigung

Modalitäten

↓ nachts, nach Mitternacht bis 3 Uhr, Kälte, Berührung, Ruhe
↑ Wärme, warme Umschläge

Bewährte Indikationen

- Magen-Darm-Infektionen und Vergiftungen: Tier hat draußen was gefressen
- Durchfall und Erbrechen: akut und chronisch, mit starker Schwäche, Abmagerung, Futterverweigerung; typisch: starker Durst, trinkt häufig kleine Mengen, die eventuell gleich wieder erbrochen werden
- Durchfall oder Erbrechen durch Angst
- subakute und chronische Blasen- und Nierenentzündungen
- Niereninsuffizienz
- Hauterkrankungen, vor allem mit Haarausfall, Schuppen, Juckreiz, struppigem Fell und nässenden Ekzemen: Juckreiz besonders nachts stark ausgeprägt
- Putzzwang und Leckekzem durch Angst und Stress
- Ängste und Furcht aufgrund tiefsitzender Unsicherheit
- Versuchsweise, als Add-on-Therapie und in Absprache mit dem behandelnden Therapeuten bei malignem, geschwürigem, blutendem Tumor mit Schmerzen, Kachexie und Schwächung des Allgemeinbefindens

Konstitution des Tieres

- Tiere sehen älter aus, als sie sind
- Tiere halten sich sehr sauber, kann sich als Putzzwang oder Leckekzem zeigen
- Tiere mögen nicht allein sein

Potenzen

- Verschreibungspflicht bis D3
- bei akuten Verdauungsstörungen oder Vergiftungen als Wasserauflösung: 5 Globuli einer Potenz C30 in 100 ml Wasser auflösen, dem Vierbeiner alle halbe Stunde ca. 10 ml geben bis zur Besserung der Beschwerden
- bei Verdauungsstörungen, Nierenerkrankungen und Hautsymptomen: D12, 2-mal täglich 5 Globuli
- bei Verhaltensproblemen mit Angst und Panik oder bei chronischen Erkrankungen: Einzelgaben von Arsenicum album C30

Tipp

Arsenicum album ist ein tief wirksames homöopathisches Mittel. Daher nicht zu oft wiederholen, sondern in Ruhe auswirken lassen. Arsenicum album hat sich beim Putzzwang der Katzen sehr bewährt. Auslöser sind Ängste, Leitsymptome wie ängstliche Unruhe, Schreckhaftigkeit, Durst müssen passen.

Aurum metallicum (Gold)

Causa/Lokalisation

- Folge von seelischen Belastungen wie Kummer oder Verdruss
- Herz

Allgemeine Wirkungen

Aurum metallicum wirkt auf Nervensystem, Herz und Kreislauf sowie Bewegungsapparat.

Leitsymptome

- aggressives Verhalten bei Widerstand; versucht, seinen Willen durchzusetzen
- Beruhigen und Trösten heben Aggression auf
- Überempfindlichkeit gegen Geräusche, Gerüche, Geschmack und Berührung
- starke Schmerzempfindlichkeit

Modalitäten

↓ Kälte, Widerstand, nachts

↑ Wärme, Bewegung an frischer Luft

Bewährte Indikationen

- Altersherz, schlechte Herzfunktion und Bluthochdruck; Achtung: Mittel nur in Absprache mit dem behandelnden Therapeuten verabreichen
- Arthrose in Knie- und Ellbogengelenken
- Nymphomanie der Hündin, wenn mit streitsüchtigem und bösartigem Verhalten gepaart
- dominantes und aggressives Verhalten, gegen bestimmte Artgenossen oder Personen gerichtet
- Depressionen und Erschöpfung, vor allem bei alten Tieren; kann auch im Wechsel mit aggressivem Verhalten auftreten

Konstitution des Tieres

- Tiere sind vollblütig, kräftig und schwer gebaut
- aktives und hektisches Verhalten
- Tiere sind gerne allein

Potenzen

- D12

Tipp

Der Aurum-metallicum-Typ ist dominanter und willensstärker als der Nux-vomica-Typ. Im Gegensatz zum Argentum-nitricum-Typ, der temperamentvoll und hektisch durch Angst ist, resultiert die Hektik beim Aurum-Typ durch Leistungsdruck.

Belladonna (Tollkirsche)

Causa/Lokalisation

- akute Entzündungen
- Schleimhäute

Allgemeine Wirkungen

Belladonna ist eines der wichtigsten Entzündungsmittel. Typisch sind die klassischen Entzündungszeichen: Rötung, Wärme, Schwellung und Schmerz. Es wirkt fiebersenkend, entzündungshemmend und schmerzlindernd.

Leitsymptome

- Entzündungen mit Fieber, trockener Hitze und starkem Durst

Modalitäten

↓ nachts, Licht, Geräusche, Berührung, Kälte und Zug, aber auch direkte Sonnenhitze
↑ Ruhe, nach dem Fressen

Bewährte Indikationen

- Entzündungen, die mit hohem Fieber, Schwitzen und trockenen Schleimhäuten einhergehen
- hochakute Erkältungskrankheiten und Mandelentzündung mit dunkelrot geschwollenen Mandeln; Vergleich: hellrot geschwollene Mandeln bei Apis
- akuter Zwingerhusten, Lungenentzündung infolge Durchnässung
- Bindehautentzündung mit hochroter Bindehaut, Tränenfluss und beginnender Eiterung (▸ Indikationen von A bis Z, Bindehautentzündung)
- hellrote Blutungen aus Nase oder Gebärmutter
- Lahmheit durch Hexenschuss

Konstitution des Tieres

- kräftige und vollblütige Tiere, energiegeladen und fit; häufig bockig und erregt, sogar aggressiv bei Krankheit
- Überempfindlich gegen Licht und Geräusche

Potenzen

- Verschreibungspflicht bis D3
- bewährt in C30, wichtig: sofort bei den ersten Anzeichen eines Infekts geben

Tipp

Empfehlenswert ist die Gabe nach Aconitum, wenn sich die Entzündung auf ein Organ lokalisiert.

Bellis perennis (Gänseblümchen)

Causa/Lokalisation

- Folge eines Traumas
- Folge von Nervenverletzungen mit starker Wundheit und Gewebeverlust

Allgemeine Wirkungen

Bellis perennis wirkt auf die Muskelfasern der Blutgefäße und gilt als eines der ersten Mittel bei Verletzungen von tiefer liegendem Gewebe wie Muskulatur oder der Bauch- und Beckenorgane mit der Folge einer Verhärtung.

Leitsymptome

- wundes zerschlagenes Gefühl im Bauch- und Beckengebiet
- nach Verletzungen bleibende Knoten und Verhärtungen

Modalitäten

↓ Wärme und Hitze, kalter Wind, Anstrengung
↑ Reiben, fortgesetzte Bewegung

Bewährte Indikationen

- kleinere Blutergüsse
- Zerrungen und Distorsionen
- Heilung des gequetschten Gewebes und zur Schmerzlinderung nach schweren Geburten oder Beckenoperationen

Konstitution des Tieres

- Tiere zeigen Bewegungsdrang trotz Schmerzen

Potenzen

- D3, D6
- kurze Wirkdauer, daher in kurzen Abständen Gabe wiederholen

Tipp

Bei Zerrungen und Verstauchungen muss Bellis perennis von Arnica abgegrenzt werden. Bei beiden Mitteln besteht Bewegungsdrang, jedoch bessern sich bei Bellis perennis im Gegensatz zu Arnica die Beschwerden – nach kurzdauernder Anfangsverschlechterung – bei fortgesetzter Bewegung (▸Indikationen von A bis Z, Zerrung, Verstauchung). Bellis perennis kann zur Wundheilung durch äußerlich angewandte Calendula-Essenz unterstützt werden.

Berberis (Berberitze, Sauerdorn)

Causa/Lokalisation

- harnsaure Diathese
- Harnsystem: Niere und ableitende Harnwege
- Leber und Gallenblase

Allgemeine Wirkungen

Berberis hat einen großen Bezug zur harnsauren Diathese. Durch die schlechte Stoffwechselleistung der Leber kommt es zur Harnsäureüberlastung im Blut und der Niere.

Leitsymptome

- Neigung zu Grieß und Steinen in Blase, Nieren und Gallenblase
- stechende Schmerzen und Brennen bei und nach der Harnentleerung durch Grieß
- Schmerzen bei Harndrang, wenn kein Harn fließt
- Urin mit weiß-mehligem, gelbem oder rötlichem Sediment
- schneller Wechsel der Symptome: Wechsel zwischen Durst und Durstlosigkeit, Appetit und Inappetenz, hellem und dunklem Urin

Modalitäten

↓ Druck, plötzliche Bewegung, nachts
↑ Absonderungen wie Urin oder Schweiß

Bewährte Indikationen

- Blasen- und Nierengrieß und Nierensteine
- chronisch-rezidivierende Blasenerkrankungen, mit Blut möglich
- subakute und chronische Nierenentzündungen
- Niereninsuffizienz
- Gallensteine und Gallenkolik
- Lebererkrankungen

Konstitution des Tieres

- erschöpfte Tiere

Potenzen

- D3, D4

Tipp

Bei der Urinuntersuchung sind Eiweiß und pH-Wert erhöht sowie Epithelien und Sediment sichtbar. Berberis hat eine krampflösende Wirkung (Grieß und Steine) und wird als Entschlackungsmittel im Zusammenhang mit Hauterkrankungen eingesetzt.

Bryonia (Weiße Zaunrübe)

Causa/Lokalisation

- seröse Häute und die darin enthaltenen inneren Organe

Allgemeine Wirkungen

Charakteristische Merkmale für die Auswahl von Bryonia sind Durst und Trockenheit sowie starke und stechende Schmerzen.

Leitsymptome

- akute Beschwerden, die sich langsam entwickeln, mit starken Schmerzen bei der geringsten Bewegung
- Beschwerden mit dem Leitsymptom Austrocknung: trockene, harte Stühle, trockene, rissige Maulschleimhäute, trockener Husten
- starker Durst
- stechende und reißende Schmerzen

Modalitäten

↓ Bewegung, Berührung, Wärme, morgens, Anstrengung
↑ Ruhe, leichter Gegendruck, Kälte

Bewährte Indikationen

- akute Entzündungen
- akute Bronchitiden und Lungenentzündungen mit Fieber, wenig Schleimauswurf und trockenem Husten
- akute Zerrungen und akute stechende Gelenkschmerzen, das entzündete Gelenk fühlt sich heiß an und ist rot und geschwollen
- Entzündungen der Gelenkhäute, Rippenfell und Bauchfell
- akute Bandscheibenvorfälle
- Verstopfung mit hartem, trockenem Kot und starkem Durst

Konstitution des Tieres

- extrem reizbar durch die Schmerzen
- oder Tiere sind apathisch, wollen ihre Ruhe haben und bleiben unbeweglich liegen

Potenzen

- D6

Tipp

Bryonia passt vor allem zu Bandscheibenvorfällen im Bereich der Halswirbelsäule, wenn jede Bewegung verschlimmert und die Leitsymptome passen.

Calcium carbonicum (Calciumcarbonat, Austernschalenkalk)

Causa/Lokalisation

- langsamer Stoffwechsel
- Hypophysen- und Schilddrüsendysfunkion
- Bewegungsapparat
- Haut
- Wachstum

Allgemeine Wirkungen

Die Leitsymptome von Calcium carbonicum entsprechen dem Bild der lymphatischen Diathese und es gilt als eines der charakteristischen Konstitutionsmittel für Jungtiere. Vom Typ her gehören die Tiere zwar zu den stabilen Konstitutionen, sie leiden aber unter den beiden Schwachpunkten Bewegungsapparat und Haut.

Leitsymptome

- Unverträglichkeit von Milch und saure, helle Durchfälle nach Milch
- saurer Geschmack, saures Aufstoßen, Erbrechen und Stühle
- Neigung zu Fettleibigkeit
- Neigung zu Infektionen und chronischen Schleimhaut-Katarrhen mit Polypenbildung
- außerordentliche Frostigkeit, trotzdem partielles Schwitzen: Hunde und Katzen schwitzen nicht über die Haut, sondern über Maul und Pfoten, eventuell unangenehmer Geruch und feuchte Ballen
- Abneigung gegen frische Luft
- Schwäche und Erschöpfung ohne Grund

Modalitäten

↓ körperliche Anstrengung und Bewegung, Schwitzen, Kälte und Nässe, Frühjahr

↑ Wärme, trockenes Wetter

Bewährte Indikationen

- Verstopfung bei Neugeborenen und Jungtieren
- Ekzeme an Unterbauch und Innenschenkel bei Jungtieren; Haut heilt schlecht, Wunden eitern leicht, Milchschorf bildet sich
- Hautaffektionen teils schorfig-trocken, teils nässend und mit wenig Juckreiz
- Ohrenentzündungen mit Ekzemen an und hinter den Ohren
- Gelenk- und Knochenschmerzen sowie Knochenfehlbildungen, Stimulans für die Knochenhaut
- Hüftgelenksdysplasie und Früharthrose: Einsatz als Typmittel, Abgrenzung zu Calcium fluoratum nötig
- Rachitis mit schlecht heilenden Knochenbrüchen und langsamer Zahnentwicklung
- Beschwerden der Läufigkeit bzw. Rolligkeit: Blutung zu früh und zu lang, milchiger Ausfluss

Konstitution des Tieres

- stämmige, grobknochige und schwerfällige Tiere mit großem und schwerem Kopf und schlaffer Haut
- Schwäche der Hinterhand, Hängebauch und Senkrücken
- Jungtiere lernen langsam und sind körperlich wenig belastbar
- Tiere können stur und dickköpfig sein, ansonsten gutmütig
- großer Appetit
- Jungtiere fressen Schmutz und andere unverdauliche Dinge

Potenzen

- D6, D12

Tipp

Calcium carbonicum wird bei Entwicklungsstörungen des Bewegungsapparats – Epiphysen am Carpus dick, X-Stellung der Beine – von Hundewelpen eingesetzt. Auch eine beginnende Arthrosis deformans bei Junghunden aufgrund einer Hüftgelenksdysplasie kann man durch eine konstitutionelle Behandlung mit Calcium carbonicum positiv beeinflussen. Calcium carbonicum ist auch als Schüßler-Salz bekannt.

Calcium fluoratum (Calciumfluorid)

Causa/Lokalisation

- Bindegewebe
- Knochenstoffwechsel
- Drüsen
- Wachstum

Allgemeine Wirkungen

Calcium fluoratum hat sich für eine gute Entwicklung von Knochen, Gelenken und Bindegewebe, vor allem bei Jungtieren bewährt.

Leitsymptome

- allgemeine Bänderschwäche
- gestörter Knochenstoffwechsel
- Schwellungen und verhärtete Verdickungen in Faszien, Gelenkkapseln, Bändern und Sehnen
- Folgen von Ernährungsstörungen bei Jungtieren
- weicher Zahnschmelz

Modalitäten

↓ feuchtheißes Wetter, Ruhe, Wetterwechsel
↑ Wärme, Bewegung

Bewährte Indikationen

- Schwäche von Hüft-, Knie- und Schultergelenk durch Erschlaffung des elastischen Bindegewebes, z. B. zur Behandlung der Hüftgelenksdysplasie: Einsatz als Typmittel, Abgrenzung zu Calcium carbonicum nötig
- chronischer Lumbago mit Verschlechterung bei Bewegungsbeginn und Besserung bei fortgesetzter Bewegung
- rachitische Verdickung des Femurs
- chronische Knochenhautentzündung mit Exostosenbildung
- Auflösung von harten Knochenwucherungen

- zur Unterstützung bei Tumoren im Knochen-Knorpel-Bereich und bei Tumoren von Drüsen (z. B. Schilddrüse, Mammae) mit Verhärtung
- bei vergrößerten steinharten Drüsen nach wiederholten Hals-, Nasen- und Ohreninfektionen
- mangelhafte Zahnschmelzbildung
- Zahnfleischentzündung, Abszess am Zahnfleisch
- nässende, juckende Ekzeme
- schlechte Narbenheilung

Konstitution des Tieres

- bewährt bei Jungtieren im Wachstum
- unruhige und ängstliche Tiere
- schlanker und leichter Körperbau
- Appetit meist gut, dennoch geringe Gewichtszunahme
- rissige Krallen und dünnes Fell

Potenzen

- D12

Tipp

Calcium fluoratum lässt sich gut abwechselnd mit Silicea D12 geben. Bei Knochenwucherungen (Exostosen) kann es mit Hekla lava D3 kombiniert werden. Calcium fluoratum ist auch als Schüßler-Salz bekannt.

Calcium phosphoricum (Calciumhydrogenphosphat)

Causa/Lokalisation

- Knochenstoffwechsel
- Wachstum

Allgemeine Wirkungen

Calcium phosphoricum ist eines der wichtigsten Knochenheil- und Gewebeheilmittel – vor allem bei Jungtieren. Es reguliert Wachstum und Regeneration von Knochengewebe und fördert die Knochenbildung.

Leitsymptome

- Probleme des Knochenstoffwechsels mit Demineralisation und verzögerter Knochenheilung
- Beziehung zu Knochennähten und Symphysen
- rasche körperliche Erschöpfung durch zu schnelles Wachstum
- geistige und körperliche Erschöpfung nach überstandener Krankheit
- Zahnungsprobleme bzw. körperliche Beschwerden, die während der Zahnung auftreten

Modalitäten

↓ Kälte, Wetterwechsel
↑ Wärme

Bewährte Indikationen

- schlecht heilende Knochenbrüche
- Knochen- und Gelenkschmerzen, Folgen raschen Wachstums
- verlangsamtes Wachstum und Wachstumsschmerzen bei Jungtieren
- verspätete Zahnung
- Tonsillitis, Pharyngitis, Lymphadenitis

Konstitution des Tieres

- verspieltes und ängstlich-nervöses Temperament
- schlanker, zartgliedriger Körperbau, Kopf schmal und lang

- dünne Knochen, schlaffe Haltung, Epiphysen am Carpus dick
- wechselnder Appetit

Potenzen

- D12

Tipp

Die drei Calciumsalze – Calcium carbonicum, Calcium fluoratum und Calcium phosphoricum – sind entsprechend der individuellen Konstitution des Tieres auszuwählen. Auch kann sich während der Wachstumsphase beispielsweise ein schwerfälliger Calcium-carbonicum-Typ in den hochgewachsenen, schmalen Calcium-phosphoricum-Typ verwandeln. Bei Calcium phosphoricum ist im Hinblick auf Körperstatur, Exterieur, Temperament und Energielevel die Verwandtschaft zu Phosphorus zu beachten. Calcium phosphoricum findet seine Anwendung insbesondere im Wachstumsalter der Tiere.

Bei kleinen Hunderassen, z. B. dem Yorkshireterrier kommt es oft vor, dass Teile des Milchgebisses nicht ausfallen und sich eine doppelte Zahnreihe bildet. Hier kann Calcium phosphoricum helfen, den verzögerten Zahnwechsel anzukurbeln und eine Zahnoperation zu verhindern. Calcium phosphoricum ist auch als Schüßler-Salz bekannt.

Calendula (Ringelblume)

Causa/Lokalisation

- Haut
- Wundheilungsstörungen

Allgemeine Wirkungen

Calendula wirkt antiseptisch und gehört botanisch zur gleichen Familie wie Arnica und Bellis perennis. Es ist das Hauptmittel für die Wundbehandlung, beugt der Bildung von wildem Fleisch vor und fördert eine kosmetische Narbenbildung.

Leitsymptome

- verhindert Eiterung
- wirkt granulationsfördernd

Modalitäten

↓ Kälte, Bewegung
↑ Ruhe

Bewährte Indikationen

- Abszesse
- Wunden: offene rohe Wunden mit entzündeten Wundrändern und Schmerzen, verschmutzte und ältere, infizierte Wunden
- Wundheilung bei größeren Wunden im Maul nach dem Zähne ziehen
- schlecht heilende Operationswunden, Narben heilen nicht oder heilen wulstig
- Eiterungen

Konstitution des Tieres

- organotrope Wirkung steht bei Calendula im Vordergrund

Potenzen

- D2

Tipp

Calendula kann auch extern als Essenz auf infizierte Wunden aufgetragen oder in Form von Umschlägen verwendet werden. Es wirkt keimhemmend und fördert die Wundheilung.

Carbo vegetabilis (Holzkohle)

Causa/Lokalisation

- Verdauungstrakt
- allgemeine Lebenskraft: Folge von Erkrankungen, Operationen oder Schock

Allgemeine Wirkungen

Carbo vegetabilis findet vorwiegend Anwendung bei Tieren, die körperlich oder seelisch erschöpft sind. Das homöopathische Mittel wird zudem bei Verdauungsstörungen mit Aufstoßen und starken Blähungen eingesetzt.

Leitsymptome

- verminderte Lebenskraft durch Verlust von Körperflüssigkeiten (Blutverlust oder Dehydratation durch Durchfall, Erbrechen)
- Venenstauung
- eisige bläuliche Haut und kalte Glieder
- Blähungen mit hartem aufgetriebenem Bauch

Modalitäten

↓ nach dem Fressen, abends und nachts, im Freien, Wärme und feucht-warmes Wetter

↑ Kälte, Aufstoßen oder Abgang von Blähungen

Bewährte Indikationen

- Schwäche, Erschöpfung und Antriebsmangel nach Operationen und Krankheiten
- Schwächezustände nach Durchfall und Erbrechen
- Schock mit feuchtkalter Haut und innerer Hitze
- Verdauungsstörungen mit wässrigem, stinkendem Durchfall, übelriechenden Blähungen und Aufstoßen

Konstitution des Tieres

- Der Carbo-vegetabilis-Typ ist typischerweise träge, übergewichtig und neigt zu Verdauungsstörungen.
- Es besteht eine Neigung zu schleichendem Verlauf und Chronizität der Beschwerden.

Potenzen

- D6, D12

Tipp

Carbo vegetabilis kann zur Begleit- und Nachbehandlung einer Magendrehung des Hundes eingesetzt werden. Auch der Schockzustand einer Magendrehung passt zu Carbo vegetabilis. Auch ältere Tiere, die unter niedrigem Blutdruck leiden und vor allem nachts unruhig, ängstlich und verfroren sind, können von Carbo vegetabilis profitieren.

Cardiospermum (Herzsame)

Causa/Lokalisation

- Haut
- Schleimhäute

Allgemeine Wirkungen

Cardiospermum ist ein kleines, vergleichsweise wenig geprüftes homöopathisches Mittel mit Bezug zu Haut und Schleimhäuten der Atemwege mit entzündungshemmender und juckreizstillender Wirkung.

Leitsymptome

- allergische Reaktionen
- starker Juckreiz
- schmerzende und geschwollene Gelenke mit Bewegungseinschränkung

Modalitäten

↓ Wärme
↑ frische Luft

Bewährte Indikationen

- allergische Hauterkrankungen mit Juckreiz und Hautrötung, z. B. bei Flohstichallergien oder Atopien (Allergien auf Inhalationsallergene)
- entzündliche, trockene oder nässende und stark juckende Ekzeme und Pusteln
- allergische Reaktionen der Atemwege mit Augentränen und Schnupfen (▸ Indikationen A bis Z, Allergie der Atemwege)
- akute entzündliche Gelenkerkrankungen
- leichte Verbrennungen mit Brennen und Juckreiz

Konstitution des Tieres

- organotrope Wirkung steht bei Cardiospermum im Vordergrund

Potenzen

- D3

Tipp

Cardiospermum wird eine antiallergische und cortisonähnliche Wirkung zugesprochen.

Carduus marianus (Mariendistel)

Causa/Lokalisation

- Leber
- Galle

Allgemeine Wirkungen

Carduus marianus passt zu allen Beschwerden, die ihren Ursprung in einer Leberschwäche oder -belastung haben. Das homöopathische Mittel schützt und entgiftet die Leber und wird eingesetzt, wenn Toxine oder Infektionen die Leberzellen schädigen.

Leitsymptome

- Inappetenz
- Übelkeit, Blähungen, harter und dunkler Stuhl, aufgeblähtes Abdomen
- Erbrechen von grünlicher Flüssigkeit
- druckempfindliche Leberregion
- Pfortaderstauung

Modalitäten

↓ Bewegung, Druck auf den Bauch
↑ Ruhe, Wärme

Bewährte Indikationen

- akute und chronische Leber- und Galleerkrankungen
- Hepatitis, Gelbsucht
- Gallensteine
- Verdauungsstörungen
- Entgiftung bei Leberschwäche: Leberdrainagemittel

Konstitution des Tieres

- lustlose, apathische und traurige Tiere durch die Belastung der Leber

Potenzen

- D3

Tipp

Carduus marianus kann gut mit Flor de piedra D3 kombiniert werden.

Causticum (Ätzkalk)

Causa/Lokalisation

- Nervensystem
- Schleimhäute der Harnorgane und Atemwege
- Haut
- Bewegungsapparat

Allgemeine Wirkungen

Die Wirkung von Causticum geht von Spasmen und Krämpfen über lähmige Schwäche zu Paresen und lähmungsartigen Zuständen z. B. der Augenlider, Gesichtsnerven, Mastdarm oder Blase. Oder es besteht eine Mischung aus Spasmen und Paresen, z. B. Stuhl geht besser im Stehen.

Leitsymptome

- örtlich begrenzte Lähmungen, z. B. hängende Augenlider
- Lähmungen meistens rechts
- Muskelzuckungen, Spasmen, Konvulsionen, motorische Unruhe; Tiere bewegen sich viel, aber Bewegung bessert Beschwerden nicht
- Zittern
- unwillkürlicher Harnabsatz beim Gehen, Husten, Niesen oder im Schlaf
- große körperliche und geistige Schwäche
- Hauterkrankungen gehen oft mit Frostigkeit einher
- Symptome entwickeln sich langsam

Modalitäten

↓ schönes und kaltes Wetter, Aufregung und Schreck
↑ feuchtes Wetter, warme Luft, Durchnässung

Bewährte Indikationen

- Blasenschwäche, Blaseninkontinenz und Blasenentzündung
- Bandscheibenvorfälle vor allem des alten Tieres mit Hinterhandschwäche oder Parese der hinteren Extremitäten und unwillkürlichem Abgang von Harn oder Kot durch Blasen- und Mastdarmlähmung

- Arthrose: Tiere laufen sich nicht ein
- trockene Hautausschläge mit Juckreiz und Rhagaden, seltener nässende Hautaffektionen mit Bläschen und Pusteln
- Warzen
- trockener Nasenspiegel, vor allem bei älteren Tieren
- Heiserkeit, Stimmlosigkeit durch Lähmung des Kehlkopfmuskels
- chronischer Husten, der durch trockene Kälte verursacht wird
- trockene Augen, Lähmung der Augenlider, Lichtscheue

Konstitution des Tieres

- trauriger und ängstlicher Charakter
- schwacher, dünner und kälteempfindlicher Typ
- trockener Typ: alles neigt zur Trockenheit (Schleimhäute, Haut), daher auch die Besserung durch Feuchtigkeit

Potenzen

- D12

Tipp

Causticum-Symptome wie Schwäche, Spasmen und Lähmungen sind häufig Folgen einer unterdrückten Hauterkrankung oder dem plötzlichen Aufhören einer Ausscheidung nach außen. Neben Thuja kann Causticum auch bei Warzen eingesetzt werden, allerdings sind im Gegensatz zu den weichen, blumenkohlartigen Thuja-Warzen die Warzen beim Causticum-Typ hart, klein, verhornt und mit schmierigem Sekret (► Indikationen von A bis Z, Warzen).

Chamomilla (Kamille)

Causa/Lokalisation

- Nervensystem

Allgemeine Wirkungen

Typisch für Chamomilla-Typen ist eine Überempfindlichkeit mit großer Reizbarkeit. Chamomilla verstärkt die Sensibilität der Nerven, der Patient wird empfindlich, böse und reizbar. Wenn Beschwerden durch Reizbarkeit und Zorn verursacht werden oder einhergehen, muss an Chamomilla gedacht werden.

Leitsymptome

- Überempfindlichkeit gegen Schmerzen
- Reizbarkeit und Ungeduld
- Bauchkrämpfe
- Zahnungsbeschwerden

Modalitäten

↓ nachts, Berührung, Aufregung, feuchtkaltes Wetter, Wärme
↑ Bewegung: Beschwerden bessern sich, wenn die Patienten herumgetragen werden

Bewährte Indikationen

- Maulschleimhautentzündungen während des Zahnens oder des Gebisswechsels
- Probleme beim Zahnen mit Unruhe und Reizbarkeit oder krampfartigen Durchfällen der Jungtiere
- Milchmangel bei der säugenden Hündin oder Katzenmutter
- Koliken durch Aufregung und Ärger mit Blähbauch und Blähungen

Konstitution des Tieres

- Tiere wollen im Mittelpunkt stehen; zeigen aufmerksamkeitsforderndes Verhalten
- Tiere werden bei Nichtbeachtung gereizt und boshaft, fordern trotz der Reizbarkeit weiter nach Zuwendung
- Tiere sind bei Krankheit sehr übellaunig und gereizt

Potenzen

- D6, D12

Tipp

Auch viele andere Beschwerden, die mit dem Zahnen verbunden sind, wie reizbares Verhalten, Maulgeruch oder Durchfall passen zu Chamomilla.

China (Chinarinde)

Causa/Lokalisation

- Folge von Flüssigkeitsverlusten
- Nervensystem

Allgemeine Wirkungen

China passt zu Tieren, die unter nervöser Erschöpfung und Schwächezuständen durch erschöpfende Ausscheidungen und Verlust von Lebenssäften leiden.

Leitsymptome

- Schwäche und Abmagerung nach Verlust von Körperflüssigkeiten (Schwitzen, Durchfälle, Erbrechen und Blutungen)
- chronischer breiig-wässrig schaumiger Durchfall mit Inappetenz und Erbrechen
- Verdauungsschwäche, Stuhldrang, Blähungen, Kolik mit aufgetriebenem Bauch
- chronisches Mittel: selten indiziert in frühen Stadien einer Krankheit; aber: Abmagerung und Erschöpfung nach akutem, schwerem Durchfall
- Beschwerden können periodisch auftreten

Modalitäten

↓ Flüssigkeitsverlust, nachts, Kälte und Zugluft
↑ Wärme, fester Druck

Bewährte Indikationen

- Schwäche und nervöse Erschöpfung nach schweren Belastungen, z. B. Operationen oder Erkrankungen
- Rekonvaleszenzphase nach schweren Infektionserkrankungen und starken Blutverlusten
- Anämie
- Durchfall als Folge von Infektionen/Parasiten
- Nachbehandlung nach Kokzidienbefall

Konstitution des Tieres

- apathische, erschöpfte und gleichgültige Tiere, aber auch empfindlich gegen äußere Reize wie z. B. Geräusche und Licht
- Tiere zottig und abgemagert

Potenzen

- D6, D12

Tipp

Viele Symptome von China werden auch von Arsenicum album abgedeckt.

Colocynthis (Koloquinte)

3

Causa/Lokalisation

- Nervensystem
- Hohlorgane des Bauchraums: Magen, Darm, Gallenblase, Harnleiter
- Folge von Ärger, Schreck und Kränkung

Allgemeine Wirkungen

Colocynthis gehört in die erste Reihe der homöopathischen Kolik- und Schmerzmittel und wird in der Regel als Akutmittel gegen schmerzhafte Krämpfe, ausgelöst durch emotionale Belastungen eingesetzt. Es kann aber auch als chronisches Mittel angewendet werden.

Leitsymptome

- Schmerzen im Abdomen mit Besserung durch Zusammenkrümmen
- kolikartige und neuralgische Schmerzen durch Aufregung und Ärger
- Schmerzen sind heftig, einschießend, schneidend, kolikartig und spastisch; Gefühl des Zusammenschnürens „wie mit eisernen Klammern“
- anfallsartige oder periodische Schmerzen

Modalitäten

↓ Berührung, Ärger, Futteraufnahme
↑ Zusammenkrümmen, Druck auf den Bauch, Wärme, Ruhe, Stuhlentleerung oder Abgang von Blähungen

Bewährte Indikationen

- Krampfkoliken mit Zusammenkrümmen und Unruhe
- spastische Obstipationen mit Schafskot oder schleimigen, hellgelben Stühlen
- Übelkeit, explosionsartiges Erbrechen und harter Blähbauch
- Reizmagen und Reizdarm
- Gallenkoliken, Blasenkoliken, Nierenkoliken; Achtung: keine Selbstmedikation

- neuralgische Schmerzen der peripheren Nerven, z. B. der Schulter- oder Hüftgelenke
- Bandscheibenvorfälle mit aufgekrümmtem Rücken, starken, kolikartigen Schmerzen und hartem Bauch

Konstitution des Tieres

- reservierte und empfindsame Tiere, bei ungerechter oder grober Behandlung aufbrausend und widersetzlich; eventuelle Auslöser: Krämpfe
- elendes, jämmerliches Aussehen und verdrießliches und ungeduldiges Verhalten während der Krämpfe und Schmerzen; Tiere lassen sich kaum ablenken

Potenzen

- Verschreibungspflicht bis D3
- bei akuten Schmerzen alle 15 Minuten eine Dosis Colocynthis D6 bis zur Besserung der Beschwerden
- bei chronischen Erkrankungen mit akuten Schüben oder den typischen psychischen Verhaltensweisen Einzelgaben einer Colocynthis C30

Tipp

Die oben erwähnte Schmerzsymptomatik ist bei Tieren schwer zu diagnostizieren, da es sich um subjektive Schmerzwahrnehmungen handelt. Für den Tierhalter erkennbar sind die Heftigkeit der Symptome und die Besserung durch Zusammenkrümmen. Diese beiden Beschwerden gehören auch zu den Schlüsselsymptomen von Colocynthis. Die Vierbeiner zeigen einen stark gekrümmten Rücken (Katzenbuckel) oder sie liegen und springen aufgrund der Bauchschmerzen plötzlich auf und ziehen den Kopf Richtung Bauch oder sie werfen sich plötzlich auf den Boden. Zudem kann sich der Tierbesitzer an den auslösenden oder begleitenden mentalen Reaktionen wie Ärger und Unruhe orientieren.

Crataegus (Weißdorn)

Causa/Lokalisation

- wirkt auf den Herzmuskel
- Herztonikum

Allgemeine Wirkungen

Weißdorn gilt als Pflegemittel des Herzens oder „Baldrian des Herzens". Es fördert die Durchblutung im Herzen und senkt den Blutdruck.

Leitsymptome

- Unruhe durch die Atemnot, vor allem abends und nachts im Liegen
- Sauerstoffarmut mit Schwäche, Schwindel und Husten in der Wärme (Sommer) und durch körperliche Anstrengung

Modalitäten

↓ Wärme, Sommer, Anstrengung, Aufregung
↑ Kälte, frische Luft, Ruhe

Bewährte Indikationen

- Altersherz und Herzschwäche (Herzinsuffizienz); Tiere sind müde, schlapp und schlafen viel; vermehrter Husten, vor allem im Liegen oder bei Aufregung und Anstrengung; flacher und röchelnder Husten
- stressbedingte Herzerkrankungen
- Herzrhythmusstörungen und Angina Pectoris
- hoher Blutdruck (Hypertonie) mit schwachem, unregelmäßigem Puls; Achtung: einen erhöhten Blutdruck kann nur der Tierarzt oder Tierheilpraktiker feststellen, Tierhalter bemerkt Unruhe und Hecheln

Konstitution des Tieres

- aufgrund der herzspezifischen Wirkung kein „Typmittel"; kommt in der Regel bei älteren Haustieren zur Anwendung, wenn das Herz weniger Leistung bringt

Potenzen

- Tiefpotenzen D1 bis D3: als Langzeitgabe bewährt

Tipp

Regelmäßige Herzuntersuchungen sind zu empfehlen.

Drosera (Sonnentau)

Causa/Lokalisation

- Entzündung an den Schleimhäuten der oberen Luftwege wie Kehle, Luftröhre und Bronchien

Allgemeine Wirkungen

Beeinflusst die Atmungsorgane und wurde von Hahnemann als Hauptmittel für Keuchhusten genannt.

Leitsymptome

- spastischer, trockener, quälender Husten
- Husten sehr tief und heiser
- Hustenanfälle folgen schnell aufeinander
- Erstickungsanfälle, Würgen und Brechreiz
- kleine Mengen zäher Schleim, der von den Tieren nur schwer ausgehustet oder ausgewürgt werden kann

Modalitäten

↓ nach Mitternacht, Hinlegen, Warmwerden, Trinken
↑ frische Luft, Druck, Gehen, Bewegung, Aufsitzen, Stille

Bewährte Indikationen

- tiefsitzender hohlklingender, schmerzhafter Reizhusten: Keuchhusten, der sich nach Mitternacht verschlimmert
- Asthma bronchiale
- Bronchitis

Konstitution des Tieres

- organotrope Wirkung von Drosera steht im Vordergrund

Potenzen

- Tiefpotenzen: von D2 bis D6

Tipp

Drosera passt zum akuten Stadium des Zwingerhustens des Hundes. Im akuten Stadium ist eine Stoßtherapie möglich: alle 15–30 Minuten eine Dosis.

Echinacea (Sonnenhut)

Causa/Lokalisation

- Immun-, Blut- und Lymphsystem

Allgemeine Wirkungen

Echinacea gilt als „natürliches Antibiotikum". Es steigert die körpereigene Abwehrkraft durch Vermehrung der weißen Blutkörperchen. Bei allen Formen von Infektionen und Entzündungen gehört Echinacea zur Basistherapie.

Leitsymptome

- antiseptische und „antibiotische" Wirkung
- stabilisiert das Immunsystem bei allen bakteriellen Erkrankungen

Modalitäten

↓ abends, Kälte, nach körperlicher Anstrengung
↑ Ruhe

Bewährte Indikationen

- Entzündungen, z. B. im Bereich der Maulhöhle, Zähne, Blase
- Infekte mit Fieber und Schüttelfrost
- Eiterungen der Haut, Abszesse, Ohrenentzündungen
- zur Stärkung der Abwehrkräfte bei Zecken- und Flohbefall
- auch lokale Anwendung, z. B. Echinacea-Augentropfen Wala®
- Echinacea-Tinktur im Verhältnis 1:10 mit abgekochtem Wasser verdünnen, die Lösung abkühlen lassen und damit schlecht heilende Wunden oder Entzündungen (z. B. Vorhautentzündung des Rüden) spülen

Konstitution des Tieres

- ein homöopathisches Mittel für schlappe und erschöpfte Tiere, die unter einem Infekt leiden und deren Immunsystem geschwächt ist

Potenzen

- bewährt in tiefen Potenzen: Echinacea D1 oder D2: 3-mal täglich 5 Globuli bis zur Besserung der Beschwerden
- bei akuten Beschwerden Stoßtherapie möglich: alle 15–30 Minuten 5 Globuli, bis sich die Symptome bessern

Tipp

Echinacea ist auch in homöopathischen Komplexmitteln wie Echinacea comp.-Steigerwald oder Echinacea compositum SN Heel bewährt. Bei bekannter Allergie gegen Korbblütler darf Echinacea **nicht** angewendet werden.

Euphrasia (Augentrost)

Causa/Lokalisation

- virale oder allergische Entzündung an Augen und Nase

Allgemeine Wirkungen

Euphrasia hat eine spezifische Wirkung auf das Auge. Es hilft gegen Augenentzündungen mit Rötung, Tränenfluss und Lichtscheue.

Leitsymptome

- scharfer und brennender Tränenfluss und milder Schnupfen
- Juckreiz
- Schwellung der Augenlider mit klebrigem Schleim
- Lichtscheue: Tiere kneifen die Augen zusammen

Modalitäten

↓ abends, helles Licht, Wind und Zugluft, im Haus
↑ Dunkelheit, frische Luft

Bewährte Indikationen

- Augenentzündungen, z. B. Bindehaut- oder Lidentzündungen mit wässrigen Tränen, Brennen, Stechen und Juckreiz
- Augenverletzungen, z. B. durch Staub, Sandkörner oder andere Fremdkörper; Achtung: das Auge vom Tierarzt untersuchen lassen; Euphrasia nur als Begleittherapie
- Allergie und „Heuschnupfen“ mit reichlich brennenden Tränen und mildem Nasensekret; Achtung: Allium cepa D6 bei Allergie mit brennendem Nasensekret (Schleimhaut geschädigt) und mildem Tränenfluss

Konstitution des Tieres

- durch Brennen und Jucken reiben sich die Tiere ständig die Augen

Potenzen

- bewährt in tiefen Potenzen, z. B. D6 3-mal täglich bis zur Besserung der Beschwerden

Tipp

Euphrasia ist auch äußerlich in Form von Augentropfen zu empfehlen. Bei Allergien empfiehlt sich die Anwendung sofort bei den ersten Beschwerden sowie als Dauertherapie.

Ferrum metallicum (metallisches Eisen)

Causa/Lokalisation

- Blut- und Gefäßsystem
- Folge von Blutverlusten, Neigung zu Blutungen
- Folge von Infektionen
- Magen-Darm-Trakt

Allgemeine Wirkungen

Ferrum metallicum passt zu jungen, schwächlichen und anämischen Tieren mit erhöhter Anfälligkeit für Infektionen und Störungen im Blutbild – ausgelöst durch verminderte Eisenaufnahme und Resorptionsstörungen im Magen-Darm-Trakt. Die Vierbeiner sind vom Körperbau eher klein. Als erste Anzeichen können stumpfes, trockenes Fell sowie gestörtes Krallenwachstum mit rissigen und brüchigen Krallen beobachtet werden.

Leitsymptome

- blasse Schleimhäute, die bei Anstrengung rot werden
- kalte Extremitäten
- allgemeiner Mangel an Lebenswärme
- blasse, durchscheinende Haut
- gut sichtbare bläuliche Venen
- Schwäche und Erschöpfung
- Appetitlosigkeit, auch im Wechsel mit Heißhunger
- Abneigung gegen Fleisch
- linksseitiges Mittel

Modalitäten

↓ Anstrengung, Kälte, Hitze, Mitternacht, Geräusche
↑ leichte Bewegung, morgens

Bewährte Indikationen

- Fieber
- verminderte körperliche Abwehrkräfte und rezidivierende Infekte, insbesondere trockener Husten mit Atemnot und Verschlechterung durch Hinlegen
- Erschöpfung
- Anämie nach Blutverlusten oder Infektionen
- Erbrechen direkt nach der Fütterung, der Mageninhalt schießt plötzlich heraus
- schmerzloser Durchfall direkt nach der Fütterung

Konstitution des Tieres

- überempfindliche, geräuschempfindliche und reizbare Typen
- Tiere sind nach jeder kleinsten Anstrengung schwach, schlaff und ohne Spannung
- will allein sein

Potenzen

- D6, D12

Tipp

Das homöopathische Ferrum metallicum allein ist kein Ersatz für eine notwendige Eisensubstitution; es reguliert vielmehr die Eisenverwertung. Bei Verdacht auf einen Eisenmangel empfiehlt sich eine Blutuntersuchung.

Bei initialem Fieber oder im Frühstadium einer Entzündung kann alternativ Ferrum phosphoricum verwendet werden. In diesem Stadium wird das erkrankte Gewebe besonders stark durchblutet, wodurch eine Stauung entstehen kann. Die Eisensalze stärken die Wände der Blutgefäße und verringern so das Risiko von Stauungen. Bei initialem Fieber oder im Frühstadium einer Entzündung müssen die Eisensalze von Aconitum abgegrenzt werden. Die Eisensalze zeigen nicht die Angst und die plötzliche Entwicklung wie Aconitum (▸ Indikationen A bis Z, Fieber).

Flor de piedra (Steinblüte)

Causa/Lokalisation

- Leber
- Schilddrüse

Allgemeine Wirkungen

Flor de piedra gehört zu den rein organotrop eingesetzten Homöopathika. Es wird bei allen Lebererkrankungen angewendet und kann mit anderen leberwirksamen homöopathischen Mitteln, z. B. Carduus marianus oder Lycopodium kombiniert werden.
Im Falle einer Vergiftung kann Flor de piedra gemeinsam mit Arsenicum album, Okoubaka oder Nux vomica – je nach Symptomatik – angewendet werden (▸ Indikationen A bis Z, Vergiftung).
Außerdem hat Flor de piedra eine Wirkung auf die Schilddrüse.

Leitsymptome

- Verlangsamung aller Lebensvorgänge und Reaktionen: langsame Nahrungs- und Flüssigkeitsaufnahme, erschwerte und langsame Bewegung
- Wechsel zwischen den Reaktionsformen: wechselhafte Kotbeschaffenheit, Verhalten wechselt zwischen ängstlich-lebhaft und apathisch
- Berührungsempfindlichkeit in der Lebergegend und über den Akupunkturpunkten der Leber (Leberschmerzpunkte)
- Durst: große, lange Schlucke
- Appetitlosigkeit

Modalitäten

↓ Anstrengung, Wetterwechsel
↑ Bewegung

Bewährte Indikationen

- Leberschwäche und Leberdegeneration
- Hepatitis

- akute und chronische Hepatopathien
- Leber- und Nierenmittel nach Vergiftungen
- Schilddrüsenfehlfunktionen

Konstitution des Tieres

- Tiere sind langsam, matt und träge, sie können aber auch ängstlich und unruhig reagieren (siehe oben: Wechsel zwischen den Reaktionsformen)

Potenzen

- Leber: D4
- Schilddrüse: D6 und D12

Tipp

Flor de piedra D6 wird bei Schilddrüsenunterfunktionen und Flor de piedra D12 bei Schilddrüsenüberfunktionen angewendet – am besten in Kombination mit Jodum (▸Indikationen von A bis A, Schilddrüsenüber- und -unterfunktion).

Flor de piedra D4 hat sich bei der felinen Katzenleukose (FeLV) bewährt.

Flor de piedra kann zusammen mit Lycopodium versuchsweise und in Absprache mit dem behandelnden Therapeuten bei der chronisch verlaufenden felinen infektiösen Peritonitis (FIP) der Katze eingesetzt werden.

Wenn das Mittel anschlägt und der Leberstoffwechsel angeregt wird, bessern sich Symptome und Leberwerte mitunter bereits innerhalb von Tagen.

Gelsemium (falscher oder gelber Jasmin)

Causa/Lokalisation

- Nervensystem
- Motorik
- Folge von Schreck oder Schock
- Fieber

Allgemeine Wirkungen

Gelsemium konzentriert seine Wirkungen auf das Nervensystem mit Lähmungen verschiedener Muskelgruppen (um die Augen, Hals, Brustkorb, Schließmuskeln, Extremitäten), Muskelschwäche und -erschlaffung sowie mangelnde Koordination der Muskeln. Außerdem passt Gelsemium zu allen Folgen von Schreck, Furcht oder Stress.

Leitsymptome

- Zittern, kann von lähmiger Schwäche begleitet sein
- große körperliche Schwäche mit Muskelerschlaffung und mangelnder Koordination der Muskeln und Hinterhandschwäche
- vollständige oder teilweise Lähmungen der Muskeln
- „alles hängt“: Kopf, schwere, erschlaffte Augenlider
- Aufregung, Schreck und Furcht verursacht zittrige Schwäche und Durchfall
- Erregungszustände führen zu Beschwerden, wie Schwäche oder Lähmungen
- langsamer Krankheitsverlauf, mit Schwäche und Apathie beginnend
- kein Durst im Fieber

Modalitäten

↓ Erregung, Stress, Bewegung, feuchtes Wetter, vor einem Gewitter
↑ frische Luft

Bewährte Indikationen

- Ängste und Phobien
- Durchfall durch Schreck: Durchfall, der nach einer Stress-Situation, z. B. Transport, Prüfung oder Tierarztbesuch auftritt; Durchfall ist mit Schwäche und Zittern verbunden; kann zu einer Lähmung von Schließmuskel und Rektum führen
- fieberhaft Infekte: schleichender Beginn, mit großer Erschöpfung, Schläfrigkeit und Muskelschmerzen, aber ohne Durst

Konstitution des Tieres

- Tiere sind ruhig, zurückhaltend und schüchtern, sie sind gerne allein
- krankes, müdes Aussehen
- Tiere sind matt, schwach und energielos
- Tiere wirken verängstigt vor Herausforderungen
- Tiere reagieren überempfindlich auf seelische Erregungen

Potenzen

- Verschreibungspflicht bis D3
- D6, D12

Tipp

Bei Durchfall nach einer Stress-Situation passt Gelsemium, bei Durchfall vor einer Stress-Situation Argentum nitricum. Die Gelsemium-Tiere sind zudem weniger nervös und gehetzt im Vergleich zu Argentum-nitricum-Typen.

Im Unterschied zu Aconitum und Belladonna, bei denen das Fieber plötzlich und heftig eintritt, beginnt das Gelsemium-Fieber schleichend (▸ Indikationen von A bis Z, Fieber).

Graphites (Graphit, Reißblei)

Causa/Lokalisation

- Stoffwechsel
- Hormonsystem
- Haut

Allgemeine Wirkungen

Graphites ist ein wichtiges Konstitutions- bzw. Typmittel. Es wird bei allen Beschwerden eingesetzt, die dem Tier-Typ entsprechen. Außerdem hilft Graphites bei zahlreichen Hauterkrankungen, ausgelöst durch innere Störungen (Stoffwechsel, Hormone).

Leitsymptome

- Neigung zu Adipositas
- Hitze wird nicht gut vertragen, obwohl frostiger Typ
- trockene und rissige Haut mit Schrunden und „Elefantenhaut"
- Hautbeschwerden an den Gelenkbeugen, am Hals, hinter den Ohren: Lokalisation der Hautsymptome ist sehr typisch für Graphites
- honigartige Absonderungen auf der Haut oder aus den Ohren
- „Schlittenfahren", obwohl keine Erkrankung des Afters besteht
- bei weiblichen Tieren schwache Libido oder Sterilität, Verschlimmerung der Beschwerden während der Läufigkeit/Rolligkeit

Modalitäten

↓ morgens und abends, Kälte und Zugluft
↑ Wärme, nach dem Fressen

Bewährte Indikationen

- Stoffwechselstörungen mit Übergewicht und chronischer Obstipation, die zu Hautbeschwerden führen
- Hauterkrankungen mit trockener, rissiger Haut oder mit nässenden, schmierigen, honigartigen Absonderungen

- Hauterkrankungen mit symmetrischer Kahlheit und Schwarzfärbung sowie Verdickung der Haut: Beziehung zur Schilddrüse
- Ekzeme in den Gelenken und zwischen den Zehen, Analfissuren
- leicht entzündliche Wunden
- chronische Ohrenentzündungen und Ekzeme hinter den Ohren
- trockene Ekzeme an den Augenlidern
- Nagelfehlbildungen
- Graphites-Salbe gegen trockenen Nasenspiegel oder verhärtetes Narbengewebe

Konstitution des Tieres

- dicke, immer hungrige und phlegmatische Tiere; spielen wenig, wirken traurig, unentschlossen und verdrossen
- Tiere sind gerne allein
- Tiere lernen langsam
- „hypothyreoter Typ": Beziehung zur Schilddrüse in Form einer Unterfunktion
- 5-mal f und 3-mal v: fett, faul, frostig, furchtsam und frigide; verstopft, verfressen und mit verformten Krallen

Potenzen

- bei Haut- und Ohrenerkrankungen Graphites D12
- bei Einsatz als Typmittel Einzelgaben von Graphites C30 und diese 2–3 Wochen wirken lassen; bei Erfahrung mit der Homöopathie im Anschluss Graphites C 200

Tipp

Die Heilung körperlicher Beschwerden zieht sich lange hin. Und auch das homöopathische Mittel Graphites wirkt sehr lange nach und sollte deshalb nicht zu früh wiederholt werden. In Ruhe auswirken lassen.

Hamamelis (Virginischer Zauberstrauch)

Causa/Lokalisation
- Schleimhautblutungen
- Venensystem

Allgemeine Wirkungen
Hamamelis gilt als ausgezeichnetes homöopathisches Mittel gegen innere und äußere Blutungen. Grund dafür ist seine zusammenziehende und blutstillende Wirkung.

Leitsymptome
- passive dunkle Blutungen
- Schmerzhaftigkeit
- offene schmerzhafte Wunden mit Schwäche aufgrund von Blutverlust

Modalitäten
↓ feuchtwarme Luft, Bewegung
↑ frische Luft, Ruhe

Bewährte Indikationen
- Blutungen aus Auge, Nase, Lunge, Magen, Darm, Niere, Blase und Gebärmutter; Achtung: Selbstmedikation nur bei kleinen Blutungen; sofort den Tierarzt aufsuchen bei starken oder unklaren Blutungen
- nach Operationen vorbeugend geben, um Blutungen zu verhindern
- blutende schmerzhafte Zitzen der Hündin
- Hodenekzem mit Schmerzen, eventuell Leckekzem
- Blutarmut, Venenschwäche und Venenentzündung
- Blutungen und Entzündungen nach Verletzung, Stoß und Schlag; es kommt zu Blutergüssen mit blauroter Verfärbung

Konstitution des Tieres
- Tiere sind sehr ruhig und schwach durch Blutverlust und Schmerzen
- Tiere ziehen sich zurück, wollen allein sein

Potenzen

- D3, D6
- auch als Stoßtherapie alle halbe Stunde anzuwenden

Tipp

Hamamelis hat sich auch als äußerliche Anwendung bewährt, z. B. als Umschläge auf die verletzten Stellen oder als Salbe beim Hodenekzem.

Harpagophytum (Teufelskralle)

Causa/Lokalisation

- Bandscheiben
- Gelenke

Allgemeine Wirkungen

Die homöopathische Aufbereitung der Teufelskralle hat sich als Langzeitmittel bei Beschwerden des Bewegungsapparats, insbesondere von alten Tieren bewährt.

Leitsymptome

- Gelenkschmerzen
- arthrotische Verschleißerscheinungen an Wirbelsäule und Gelenken

Modalitäten

↓ Wetterumschwung, Feuchtigkeit
↑ Ruhe, Liegen

Bewährte Indikationen

- Spondylosen und Arthrosen, insbesondere an großen Gelenken, wie Hüfte, Knie und Schultern
- Hüftgelenksdysplasie

Konstitution des Tieres

- aufgrund der Wirkung auf Wirbelsäule und Gelenke meistens ältere Hunde und Katzen

Potenzen

- D3, D6
- Langzeit- und Dauertherapie empfohlen

Tipp

Bei Spondylosen und Arthrosen kann Harpagophytum mit Hekla lava D3 und Symphytum D2 kombiniert werden.

Hekla lava (Gestein des Vulkans Hekla)

Causa/Lokalisation

- Knochen

Allgemeine Wirkungen

Hekla lava ist angezeigt bei Knochenwucherungen, die durch Trauma oder Arthrose entstehen können.

Leitsymptome

- Schmerzen
- Exostosen

Modalitäten

↓ körperliche Belastung
↑ im Liegen, Ruhe

Bewährte Indikationen

- Spondylosen und Arthrosen mit Knochenwucherungen (Exostosen)
- Osteitis und Periostitis
- Osteoporose
- versuchsweise bei Osteosarkomen

Konstitution des Tieres

- die organotrope Anwendung von Hekla lava steht im Vordergrund

Potenzen

- D3

Tipp

Hekla lava kann bei Spondylosen und Arthrosen mit Harpagophytum D3 und Symphytum D2 kombiniert werden. Hekla lava und Symphytum unterstützen die Heilung eines Knochenbruchs.

Hepar sulfuris (Kalkschwefelleber)

Causa/Lokalisation

- Neigung zu Eiterbildung und Infekten

Allgemeine Wirkungen

Hepar sulfuris ist eines der wichtigsten Eitermittel in der Homöopathie. Alle akuten eitrigen Entzündungen und Abszesse, die mit starker Berührungsempfindlichkeit verbunden sind, sprechen gut auf das Mittel an.

Leitsymptome

- Entzündung mit starker Berührungsempfindlichkeit: Man braucht nur auf die erkrankte Stelle zu deuten und die Tiere können aggressiv reagieren
- Eitermittel: je nach Potenz Reifung oder Stoppen der Eiterbildung
- Eiter und Entzündungssekrete stinken säuerlich und nach altem Käse

Modalitäten

↓ Kälte und Zugluft, Berühren der erkrankten Stellen
↑ Wärme, warme Umschläge

Bewährte Indikationen

- akute eitrige Schleimhauterkrankungen, die den Leitsymptomen entsprechen, vor allem Schnupfen, Ohrenentzündungen oder eitrige Bindehautentzündungen
- eitrige Hautentzündungen, z. B. Eiterpusteln unter dem Kinn oder zwischen den Zehen; hier auch Leitsymptome beachten, insbesondere die Schmerzhaftigkeit und den typischen Eitergeruch
- Maulschleimhautentzündungen mit Speichelfluss; Achtung: bei Entzündungen als Folge von starkem Zahnsteinbefall zuerst den Zahnstein entfernen
- akute Gesäugeentzündungen (Mastitiden)

Konstitution des Tieres

- Tiere sind reizbar, überempfindlich, aber auch niedergeschlagen

Potenzen

- Tiefpotenzen (D3): fördern Reifung und Eröffnung des Eiterherds, Eiter kann abfließen
- Hochpotenzen (D12 und D30): dämmen den Eiterprozess ein

Tipp

Schwere Entzündungen mit Fieber, z. B. eitrige Mittelohrentzündung oder Gebärmutterentzündung gehören in die Hand eines erfahrenen Therapeuten.

Hypericum (Johanniskraut)

Causa/Lokalisation

- Folge von Verletzungen oder Traumata
- Nervenverletzungen
- Nervenentzündungen

Allgemeine Wirkungen

Homöopathisch steht bei Hypericum die heilende Wirkung von Verletzungen von Nervengewebe im Vordergrund.

Leitsymptome

- starke stechende, reißende oder schießende Nervenschmerzen, die die Nervenbahnen entlangziehen; Tiere schreien bei bestimmten Bewegungen
- Berührungsempfindlichkeit

Modalitäten

↓ Kälte, Feuchtigkeit, Wetterwechsel, Berührung
↑ Ruhe

Bewährte Indikationen

- schmerzhafte Nervenquetschungen und Nervenverletzungen, vor allem Verletzungen von sehr nervenreichem Gewebe, z. B. Kopf, Wirbelsäule, Steißbein, Zehen
- akute Bandscheibenvorfälle mit starken Schmerzen, Schäden des Nervengewebes mit Innervierungsstörungen; bei Bandscheibenvorfällen im Bereich der Halswirbelsäule mit akuten, in die Vordergliedmaße ausstrahlenden Schmerzen
- Schmerzen in nervenreichem Gewebe nach Operationen oder starken Erschütterungen durch Unfälle oder Stürze
- schmerzhafte Quetschungen und Prellungen

- schmerzhafte Schnitt-, Biss- und Stichwunden in nervenreichem Gewebe
- Asthma bronchiale, mit Verschlechterung durch Feuchtigkeit und Nebel

Konstitution des Tieres

- die organotrope Anwendung bei akuten Verletzungen und deren Folgen steht bei Hypericum im Vordergrund

Potenzen

- D6

Tipp

Hypericum gilt als „Arnica der Nerven" mit Einsatz bei offenen und stumpfen Verletzungen und Nervenverletzungen aller Art.

Ignatia (Ignatiusbohne)

Causa/Lokalisation

- Nervensystem
- Heimweh
- Verlust
- Kummer
- Stress

Allgemeine Wirkungen

Ignatia gilt als Kummermittel und Hauptmittel zur Behandlung geistig-seelischer Beschwerden, die durch traumatische Ereignisse ausgelöst werden. Ignatia-Typen sind „Sensibelchen". Es stehen Verhaltensprobleme im Vordergrund, die durch Verlust, Trennung, Heimweh oder Eifersucht entstehen. Typisch ist eine Hyperästhesie aller Sinne und die Neigung zu klonischen Spasmen im Verdauungstrakt durch Beziehung zum zentralen und vegetativen Nervensystem, was zu stressbedingten Verdauungsstörungen führt.

Leitsymptome

- Folge von Kummer, Heimweh, verdrängtem Ärger, Strafe, Enttäuschung oder Verlust, z. B. nach Tod des Besitzers, eines Familienmitgliedes oder Artgenossen, bei Tierheimaufenthalt, nach einem schweren Unfall, Erleben von Gewalt in der Erziehung oder in einer Tötungsstation
- oberflächlicher und sprunghafter Charakter der Symptome
- wechselnde, widersprüchliche Stimmungen, z. B. will das Tier allein sein und zieht sich zurück
- typisches Heimwehmittel bei Trennung vom Besitzer
- Paradoxie in der Symptomatik, z. B. bessern sich Übelkeit und Erbrechen durch Fressen oder Halsschmerzen durch Schlucken fester Nahrung

Modalitäten

↓ abends und nachts, Aufregung, Schreck, seelische Belastung, Kälte
↑ Wärme, nach dem Fressen

Bewährte Indikationen

- Trauer durch erlittenes Trauma mit Stimmungswechsel und Hysterie
- psychische Leckekzeme und Hotspot: Tiere fügen sich hartnäckige Hautentzündungen durch Kummer und Stress zu
- Scheinschwangerschaft, wenn die Hündin oder die weibliche Katze hysterisch und nervös sind oder zu extremen Stimmungsschwankungen neigen
- Reizmagen und Reizdarm: nervöse Magen-Darm-Störungen, d. h. Erbrechen und Durchfall durch Kummer und Stress; Magenkrämpfe, Koliken und Durchfälle aus Angst; Ignatia wirkt auf das vegetative Nervensystem

Konstitution des Tieres

- Tiere – meistens weiblich – sind freundlich, schüchtern, ruhig und introvertiert, können aber schnell nervös und reizbar werden
- der Ignatia-Typ verträgt keinen Trost, ist introvertiert und zieht sich zurück
- Tiere sind sehr geräusch- und schmerzempfindlich

Potenzen

- Verschreibungspflicht bis D3
- bewährt in der Potenz C30; Ignatia ist eines der wenigen Konstitutionsmittel, die in der Potenz C30 täglich wiederholt gegeben werden können; auch als „homöopathischer Schwamm“ bezeichnet, da es sich schnell verbraucht
- am besten morgens verabreichen

Tipp

Ignatia passt am besten bei akuten seelischen Beschwerden, bzw. wenn das Trauma erst kürzlich passiert ist und die Patienten ihren Kummer und Stress nach außen zeigen. Bei länger zurückliegendem und verborgenem Kummer und alten Traumata passt das „chronische" Ignatia: Natrium chloratum.

Ignatia gilt in der Homöopathie als das weibliche Gegenstück zu Nux vomica. Beide Mittel sind unverträglich miteinander und dürfen daher nicht gemeinsam verabreicht bzw. eingenommen werden.

Bei Beschwerden der Scheinträchtigkeit sollten Ignatia und Pulsatilla verglichen werden (▸Indikationen von A bis Z, Scheinträchtigkeit, Scheinschwangerschaft).

Jodum (Jod)

Causa/Lokalisation

- Schilddrüse

Allgemeine Wirkungen

Jodum ist ein Konstitutionsmittel mit Wirkung auf die Schilddrüse und sowohl bei der Über- als auch bei der Unterfunktion der Schilddrüse einsetzbar.

Leitsymptome

eher der Hyperthyreose entsprechend:

- rascher Stoffwechsel: Tiere sind sehr schlank und mager
- Charakter ängstlich, hektisch, unruhig, geräuschempfindlich, ständig in Bewegung
- reizbares und aggressives Verhalten möglich
- will nicht im warmen Raum bleiben
- Schwäche, die kleinste Anstrengung erschöpft
- großer Hunger, dennoch sehr schlank
- großer Durst
- schmerzhafte und vergrößerte Leber und Milz
- Neigung zu Durchfall und Erbrechen
- Neigung zu Bronchitiden und Laryngitiden
- Neigung zu Haarausfall und schlechter Haut
- Neigung zu Hautaffektionen mit Juckreiz, Pusteln und Furunkeln

eher der Hypothyreose entsprechend:

- fettleibiger und aufgeschwemmter Körperbau
- Tiere sind sehr gefräßig und verfroren
- vergrößerte Schilddrüse
- Hauterkrankungen mit Juckreiz, Rhagadenbildung, Haarausfall und Dunkelfärbung der Haut

Modalitäten

Hyperthyreose:
↓ Wärme
↑ Kühle, im Freien, nach der Fütterung, morgens
Hypothyreose:
↓ Kälte
↑ Sonnenwärme

Bewährte Indikationen

- Schilddrüsenfehlfunktionen entsprechend den oben genannten Leitsymptomen

Konstitution des Tieres

- ▸ Leitsymptome

Potenzen

- Hyperthyreose: Jodum D12, D30
- Hypothyreose: Jodum D3

Tipp

Bei Fehlfunktionen der Schilddrüse sollte keine Selbstmedikation stattfinden. Jodum soll nur in Absprache mit dem behandelnden Therapeuten und entsprechend der Blutwerte (T4, TSH, eventuell T3-Suppressionstest oder TRH-Stimulationstest) eingesetzt werden.

Der Jodum-Typ, der der Hyperthyreose entspricht, muss vom Phosphor-Typ abgegrenzt werden:

- Jodum ist reizbar und aggressiv, Phosphor nicht.
- Jodum ist wesentlich hektischer und unruhiger als Phosphor.
- Jodum hat im Gegensatz zu Phosphor keine Angst vor Gewitter, ist aber dennoch geräuschempfindlich.
- Jodum ist mager mit schlechter Haut- und Fellqualität, Phosphor ist sportlich-schlank mit glänzendem Fell.

Kreosotum (Buchenholzkreosot)

Causa/Lokalisation

- Haut
- Schleimhaut

Allgemeine Wirkungen

Kreosotum gehört zu den selten angewendeten homöopathischen Mitteln. Es hat sich aufgrund der „antiseptischen" Wirkungen bei Maulschleimhautentzündungen sehr bewährt.

Leitsymptome

- Schleimhautentzündungen mit rascher Geschwürbildung
- Blutungsneigung, bereits kleine Wunden bluten stark
- übelriechende, scharfe, brennende und wundmachende Absonderungen mit Fäulnis
- Maulgeruch durch entzündetes und leicht blutendes Zahnfleisch
- Juckreiz mit Verschlimmerung durch Kratzen

Modalitäten

↓ Kälte, frische Luft, Ruhe, abends und nachts
↑ Wärme, Druck

Bewährte Indikationen

- chronische Entzündungen der Maulschleimhaut mit eitrigen und blutigen Geschwüren, fauligem Maulgeruch und Speichelfluss
- Zahnschmerzen, schlechte Zahnqualität und Zahnzerfall
- chronisch-entzündliche, übelriechende Hautentzündungen mit Rhagaden („Elefantenhaut"), Juckreiz, Pusteln, Akne oder Geschwüren
- kleinste Wunden und Verletzungen, die sich zu schlecht heilenden und feuchten Geschwüren mit großer Blutungsneigung entwickeln
- versuchsweise bei malignen Tumoren, die zu Blutungen und Geschwürbildung neigen und mit Abmagerung und Kachexie einhergehen

Konstitution des Tieres

- die organotrope Anwendung von Kreosotum steht im Vordergrund

Potenzen

- Verschreibungspflicht bis D3
- D6, D12

Tipp

Bei schwerer Geschwürbildung im Maulbereich kann es sein, dass Mercurius sublimatus corrosivus (▸Mercurius sublimatus corrosivus) nicht mehr hilft. Dann sollte Kreosotum auf seine Wirkung geprüft werden.

Ledum (Sumpfporst)

Causa/Lokalisation

- Haut
- Gelenke und Muskeln

Allgemeine Wirkungen

Ledum wirkt durch seine ätherischen Öle entzündungshemmend und ist ein wichtiges Notfallmittel bei Insektenstichen sowie Stichverletzungen. Es lindert die Schmerzen und verhindert eine Infektion der Wunde.

Leitsymptome

- Quetschung und Bluterguss mit geschwollener rötlich-blauer Haut und stechenden Schmerzen, die Haut um die Verletzung herum ist kühl
- Mangel an Lebenswärme

Modalitäten

↓ nachts, Wärme und Berührung
↑ Kälte, kalte Umschläge

Bewährte Indikationen

- nach Zeckenbissen, wenn eine harte Schwellung und eine blaurote Färbung auftreten
- nach Flohbissen mit starkem Juckreiz und Bildung eines nässenden Ekzems
- punktförmige Wunden, z. B. durch Nägel, Dornen und Splitter sowie Stichverletzungen; bewährt auch bei Schnitt- und Bisswunden
- rheumatische Beschwerden und Gelenkschmerzen, die nach oben wandern, vor allem an den Zehengelenken, Gelenke fühlen sich kalt an
- Augenverletzungen durch Stoß oder Schlag mit punktförmiger Bindehauteinblutung („blaues Auge"); Achtung: bei größeren Augenverletzungen Tierarztbesuch

Konstitution des Tieres

- Tiere sind schläfrig, ohne Appetit und wollen allein sein

Potenzen

- bei Verletzungen und Wunden: 3-mal täglich Ledum D6
- nach Zeckenbissen: 1 Gabe Ledum C30

Tipp

Mehrmals täglich kalte Umschläge mit Ledum-Tinktur wirken schmerzlindernd und unterstützen die Wundheilung. Zusammen mit Calendula-Essenz kann die Ledum-Tinktur zudem bei Wunden angewendet werden, bei denen auch Sehnengewebe, Knochenhaut oder Knochen betroffen sind, um der Bildung von wildem Fleisch entgegenzuwirken.

Lycopodium (Bärlapp)

Causa/Lokalisation

- Leber
- Nieren
- Magen-Darm-Trakt
- Lunge

Allgemeine Wirkungen

Lycopodium zeichnet sich durch Wirkungen auf Nieren, Leber, Harnwege und den Verdauungsstrakt aus. Das homöopathische Mittel findet weniger in akuten Fällen Anwendung, sondern bei länger bestehenden, tiefsitzenden Erkrankungen mit Symptomatik der Verdauungsinsuffizienz und Leberschwäche.

Leitsymptome

- Lebergegend ist berührungsempfindlich
- Magenfunktion ist herabgesetzt: Übelkeit und Aufstoßen
- Verstopfung oder übelriechende, gelbbraune oder grüne dünne Stühle oder fester Stuhl zu Beginn, dann weich
- Abmagerung und geringer Appetit oder Abneigung gegen Fleisch
- Unverträglichkeit von Fett
- wenig Durst
- harnsaure Diathese
- rechtsseitiges Mittel (Bezug zur Leber) oder Krankheit breitet sich von rechts nach links aus

Modalitäten

↓ Wärme, Ruhe, von 16–20 Uhr, rechte Seite
↑ Bewegung, kühle Luft, nach Mitternacht

Bewährte Indikationen

- chronische Lebererkrankungen
- Durchfall oder spastische Obstipation mit Blähsucht und Blähungen

- Juckreiz, Haarbruch, Haarausfall und stumpfes, trockenes Fell durch Leberbelastung
- Hautaffektionen mit nässenden Ekzemen
- chronische Blasenentzündungen mit meist rotem Sediment, Harngrieß und Harnsteinen
- Gallenkolik
- rechtsseitig beginnende Angina, trockener, quälender Husten

Konstitution des Tieres

- magere, träge, konstitutionell schwache Tiere, die zu Störungen in Verdauungstrakt und Leber neigen
- Appetit normal oder – häufiger – Tiere fressen kleine Mengen und sind nach geringen Futtermengen satt; oder sie fressen morgens gar nichts und kleine Futtermengen über den Tag verteilt
- „altes" Aussehen, ungepflegtes Fell, unangenehmer Geruch
- launischer, reizbarer und trübsinnig-depressiver Charakter
- argwöhnisch, schreckhaft und leicht erregbar

Potenzen

- D12 bei chronischen Leber-, Haut- oder Verdauungsstörungen
- als Typmittel in C30 in Einzelgaben im mehrwöchigen Abstand

Tipp

Lycopodium kann als Leber- und Nierenstimulans eingesetzt werden, am besten in Kombination mit Flor de piedra und/oder Carduus marianus.

Mercurius solubilis (Quecksilber)

Causa/Lokalisation

- Lymphdrüsensystem
- Schleimhäute
- Haut
- innere Organe
- Knochen

Allgemeine Wirkungen

Das Arzneimittelbild von Mercurius solubilis wird geprägt durch Schwellung, fauligen Gestank, Schmerzen, Geschwür, Angst oder Aggression. Es handelt sich um ein tiefgreifendes homöopathisches Mittel, das „was in Gang", bringt, z. B. einen verstärkten Durchfall oder vermehrte Blutungen.

Leitsymptome

- entzündete Körperteile (Schleimhäute, Haut und Drüsen) befinden sich im Stadium einer akuten Entzündung und sind geschwollen
- oder degenerativer Charakter der Entzündungen mit Nekrose; destruktive Diathese
- Lymphdrüsen sind hart, geschwollen und neigen zur Eiterung
- übelriechender, klebriger Schweiß
- Absonderungen sind am Anfang scharf, eitrig und mit Blut vermischt, später werden sie schleimig-eitrig und mild
- dick weiß belegte Zunge mit tiefen Zahneindrücken, unangenehmer Maulgeruch und starker Speichelfluss mit fadenziehendem Speichel
- alle Beschwerden sind mit starker Müdigkeit, Schwäche und Zittern verbunden

Modalitäten

↓ Kälte und Wärme, nachts

↑ gemäßigte Temperaturen, Ruhe

Bewährte Indikationen

- hochakute eitrige Entzündungen der Haut, Atemwege und Harnwege
- Ohrenentzündungen
- Blasen- und Nierenentzündungen
- Gesäugeentzündungen (Mastitiden)
- Scheidenentzündungen
- auch Entzündungen mit degenerativem Charakter
- Geschwüre, insbesondere an Stellen, an denen die Haut direkt den Knochen überzieht und von wenig Bindegewebe geschützt ist
- Zahnerkrankungen und Erkrankungen der Maulhöhle mit Parodontose, Stomatitis, Gingivitis und Pharyngitis
- Lymphangitiden
- Darmerkrankungen mit schleimigem Durchfall, die mit Blut vermischt sind, von Stuhldrang begleitet sind und die Analgegend reizen; auch als Add-on-Therapie bei Leptospirose oder Parvovirose
- Leckekzeme durch psychische Belastungen

Konstitution des Tieres

- Tiere reagieren mit Angst oder Aggression
- misstrauische und reizbare Tiere
- Patienten reagieren stark auf Temperaturschwankungen

Potenzen

- Verschreibungspflicht bis D3
- D6, D12

Tipp

Mercurius solubilis wird bei einer Vielzahl von Beschwerden eingesetzt, die mit reichlich übelriechenden Absonderungen und einer erhöhten Kälte- und Wärmeempfindlichkeit einhergehen. Dabei hat das homöopathische Mittel eine besondere Beziehung zum Anfangs- und Endteil des Verdauungstrakts.

Bei Katzen kann Mercurius solubilis beim Katzenschnupfenkomplex mit den charakteristischen Symptomen Zahnfleischentzündung, Maulschleimhautentzündung und Bindehautentzündung angewendet werden.
Mercurius solubilis und Silicea folgen nicht gut aufeinander.

Mercurius sublimatus corrosivus (Quecksilberchlorid)

Causa/Lokalisation

- ▸ Mercurius solubilis

Allgemeine Wirkungen

Die Wirkung des Quecksilbers (in Mercurius solubilis) wird durch den Chloranteil noch verstärkt. Das Arzneimittelbild von Mercurius sublimatus corrosivus entspricht dem von Mercurius solubilis, jedoch mit höherer Wirkgeschwindigkeit.

Leitsymptome

- ▸ Mercurius solubilis
- rasche Krankheitsausbreitung
- starke Schmerzen
- Brennen

Modalitäten

↓ Kälte und Wärme, nachts
↑ gemäßigte Temperaturen, Ruhe

Bewährte Indikationen

- Geschwüre und geschwürige Entzündungen der Maulschleimhaut
- Ekzeme und rezidivierende Hautausschläge
- IBD (inflammatory bowel disease): rezidivierende oder kontinuierliche entzündliche Erkrankungen des Darms bei Hunden oder Katzen mit schwerem Durchfall mit viel Blut und Schleim, Bauchkrämpfen, Erbrechen, Blähungen und Abmagerung sowie erosiven Veränderungen der Schleimhäute des Magen-Darm-Trakts

Konstitution des Tieres

- organotrope Wirkung von Mercurius sublimatus corrosivus steht im Vordergrund

Potenzen

- Verschreibungspflicht bis D3
- D6

Tipp

Das Mittel ist bei Maulschleimhautentzündungen mit Echinacea kombinierbar. Bei schwerer chronischer Geschwürbildung im Maulbereich kann es sein, dass Mercurius sublimatus corrosivus nicht mehr hilft. Dann sollte Kreosotum auf seine Wirkung geprüft werden.

Myristica sebifera (Ucuuba, Talgmuskatnussbaum)

Causa/Lokalisation

- eitrige Prozesse der Haut und Schleimhaut

Allgemeine Wirkungen

Myristica sebifera wird auch als „homöopathisches Messer“ bezeichnet. Das Mittel dient dazu, einen Abszess schneller zum Reifen zu bringen oder einen reifen und schmerzhaften Abszess zu öffnen. Auch weniger akute und schmerzhafte entzündliche Schwellungen können mithilfe von Myristica sebifera zum Öffnen gebracht werden.

Leitsymptome

- Abszesse, die nicht reifen oder sich nicht öffnen wollen
- Schmerzen

Modalitäten

↓ nicht bekannt
↑ nicht bekannt

Bewährte Indikationen

- eitrige Abszesse und Entzündungen der Haut und Schleimhäute
- entzündete Lidranddrüsen
- eitrige Krallenbettentzündungen

Konstitution des Tieres

- organotrope Wirkung von Myristica sebifera steht im Vordergrund

Potenzen

- D2, D3
- bei hochakuten Beschwerden alle 30–60 Minuten eine Dosis

Tipp

Myristica sebifera kann mit Hepar sulfuris kombiniert werden. Eine lokale Anwendung von Calendula ist ebenfalls zu empfehlen. Alle Eitermittel (▸Indikationen von A bis Z, Eiterung und Abszess) passen zu einem charakteristischen Stadium des Eiterprozesses. Nach der Öffnung eines Abszesses beispielsweise wird Silicea (▸Silicea) zur Ausheilung eingesetzt.

Natrium chloratum (Kochsalz)

Causa/Lokalisation

- Kummer
- Verlust
- Trennung
- Stress

Allgemeine Wirkungen

Natrium chloratum gilt als das „chronische Ignatia“ und gehört mit diesem zu den wichtigsten psychosomatisch wirkenden homöopathischen Konstitutionsmitteln. Es hilft bei seelischen Beschwerden durch lang zurückliegende Traumata. Die alte Bezeichnung lautete Natrium muriaticum.

Leitsymptome

- seelische und körperliche Beschwerden durch länger zurückliegende Traumata
- Beschwerden verstärken sich im Sommer und durch Sonne
- Abmagerung, vor allem im Halsbereich trotz großem Hunger
- Tiere lieben Salz und schlecken die Hände des Besitzers ab
- unstillbarer Durst
- Stoffwechselstörungen durch schlechte Ernährung (Konservierungsstoffe im Futter, mangelhafte Futterqualität, Verfütterung von Essensresten etc.)
- morgendlicher Durchfall, Rest des Tages in der Regel verstopft
- unfreiwilliger Urinabgang, häufiges Urinieren
- vertragen Sonnenhitze nicht gut, dennoch Verschlimmerung durch Kälte und Nässe

Modalitäten

↓ morgens, Stress und Kummer, Frühling bis Herbst, Sonnenhitze, feuchtkaltes Wetter, an der See

↑ abends, trockenes warmes Wetter, Rückenlage

Bewährte Indikationen

- Verhaltensprobleme durch lang zurückliegende Traumata
- seelische Beschwerden infolge von unterdrückten Gefühlen
- Ängste, Angst-Aggressionen oder Unsauberkeit der Katzen
- Fellstörungen mit Haarausfall, stumpfem Fell und schuppig-nässenden Ekzemen, vor allem in den Gelenkbeugen und an der Wirbelsäule oder trockene Haut und Haarkleid; Ursache ist die Leber- und Stoffwechselbelastung durch das schlechte Futter
- Hinterhandschwäche
- Harnträufeln und Harninkontinenz nach Kastration

Konstitution des Tieres

- abgemagerte, schwächliche Tiere mit reduziertem Ernährungs- und Kräftezustand
- Tiere sind scheu, wenig umgänglich, abweisend und nachtragend
- Tiere wollen allein sein
- Angst-Aggression bei Annäherung: lässt sich streicheln und knurrt, faucht oder beißt dann ohne Warnung
- Tiere können keinen Urin absetzen, wenn jemand zusieht

Potenzen

- bewährt in Hochpotenzen
- am besten Einzelgaben von Natrium chloratum C30 im 2–3-wöchigen Abstand geben

Tipp

Lesen Sie noch einmal das Arzneimittelbild von Ignatia (▸ Ignatia). Nicht immer ist der Zeitpunkt des traumatischen Erlebnisses klar einzuordnen oder die seelischen Symptome von Ignatia und Natrium chloratum sind nicht genau abzugrenzen. Dann ergänzen sich die beiden Mittel und können gemeinsam verabreicht werden.

Nux vomica (Brechnuss)

Causa/Lokalisation

- Folge von Stress, psychotraumatischen Erfahrungen, emotionaler Überforderung und körperlicher bzw. seelischer Anspannung
- Folge von nicht artgerechter Ernährung oder Überfressen
- Folge chemischer Arzneimittel, z. B. Antibiotika und Schmerzmittel

Allgemeine Wirkungen

Nux vomica wirkt beruhigend auf ein überreiztes Nervensystem. Es werden Beschwerden gelindert, die durch Stress, Anspannung, psychotraumatische Erfahrungen und aufgrund von Bewegungsmangel entstehen. Außerdem ist es häufig das erste homöopathische Mittel, dass nach Arzneimittelmissbrauch eingesetzt wird.

Leitsymptome

- Hyperästhesie der Sinnesreize (Licht, Geräusche, Berührung, Schmerzen); Überempfindlichkeit wirkt sich auf den ganzen Körper und den Magen-Darm-Trakt aus
- Neigung zu tetanischen Krämpfen der Muskulatur
- Erkältungsneigung durch kalte Luft
- Tier kann nicht allein sein oder ist eifersüchtig und reagiert mit Unsauberkeit und Zerstörungswut

Modalitäten

↓ früh morgens zwischen 3 und 4 Uhr, Kälte und Wind, Lärm, Berührung, Überanstrengung

↑ abends, Wärme, Ruhe

Bewährte Indikationen

- Durchfall mit Erbrechen und Kolik, Ursachen: Stress, Anspannung und Fütterungsfehler; Durchfall abwechselnd mit Verstopfung und Krämpfen, Tiere krümmen den Rücken, hörbare Darmgeräusche
- Bandscheibenvorfall mit wechselnder Lähmung: Hinterpfoten abwechselnd steif und schlaff
- Reisekrankheit mit Unruhe, Übelkeit und Erbrechen
- Folge von übermäßiger Arzneimittelgabe, Antibiose oder Narkose
- Reizbarkeit, Streitsucht, dominantes Verhalten, insbesondere, wenn die Tiere zu wenig Auslauf und Beschäftigung bekommen
- Erkältungen und grippale Infekte

Konstitution des Tieres

- Tiere – meistens männlich – sind reizbar, gestresst, nervös, angespannt und neigen zu Angst-Aggressionen; dominantes Verhalten in der Regel aus Unsicherheit entstanden; Nux-vomica-Typen sind nicht wirklich aggressiv, Verhalten entspringt der Überreizung
- Tiere sind Bekannten gegenüber freundlich und anhänglich; Fremden und fremden Dingen gegenüber ängstlich und schreckhaft
- Nux-vomica-Typ entspricht dem der Freiheit entzogenen Raubtier; passt zu Katzen, die keine Freigänger sein dürfen oder Hunden, die zu wenig Auslauf bekommen oder im Zwinger wohnen
- Verdauungsschwächlinge: Tiere sind mager, hungrig, verstopft und sie vertragen das Futter schlecht
- ehrgeizige Hunde, die sich bei Training und Erziehung übernehmen
- Tiere können nicht allein sein
- Tiere sind eifersüchtig

Potenzen

- Verschreibungspflicht bis D3
- D6 bei Bandscheibenschaden: 3-mal täglich, eventuell Stoßtherapie (alle 15–30 Minuten eine Dosis)
- D12 bei Verdauungsstörungen: 2-mal täglich

Tipp

Nux-vomica-Typen scheinen immer in Disharmonie und einem sowohl körperlichen als auch seelischen Verspannungszustand zu sein. Wenn Hunde oder Katzen dem Nux-vomica-Typ entsprechen, kann mit Einzelgaben einer C30-Potenz im 2–3-wöchigen Abstand die überreizte Psyche entspannt werden.

Okoubaka (Schwarzafrikanischer Rindenbaum)

Causa/Lokalisation

- Folge von Vergiftungen
- nach Antibiose
- Folge von Aufnahme von verdorbenem Futter
- Magen-Darm, Leber, Galle, Bauchspeicheldrüse

Allgemeine Wirkungen

Okoubaka wird nach Vergiftungen jeder Art, beispielsweise durch Arzneimittel, Pestizide oder Insektizide oder nach Aufnahme von verdorbenem Futter eingesetzt. Das homöopathische Mittel kann auch zur Ausleitung nach einer Impfung eingesetzt werden.

Leitsymptome

- Durchfälle, die wundmachend, wässrig, graugrün und unwillkürlich sind, Übelkeit, Bauchschmerzen und Blähungen
- Tiere erholen sich nur langsam nach der Vergiftung: resttoxische Zustände

Modalitäten

↓ Arzneimittel, Toxine
↑ Fasten

Bewährte Indikationen

- Durchfall und Verdauungsstörungen nach Vergiftungen
- Durchfall und Verdauungsstörungen nach Antibiose oder Impfung
- Nachwirkungen und resttoxische Zustände nach Magen-Darm-Infekt
- Nahrungsmittelallergien

Konstitution des Tieres

- organotrope Wirkung von Okoubaka steht im Vordergrund

Potenzen

- D2, D3, D6
- bei hochakuten Beschwerden alle 30–60 Minuten eine Dosis

Tipp

Die Grenzen der Selbstmedikation sind zu beachten. Bei schwerer Vergiftungssymptomatik ist der Tierarzt aufzusuchen. Okoubaka kann als Add-on-Therapie und in Absprache mit dem Tierarzt angewendet werden.

Phosphorus (gelber Phosphor)

Causa/Lokalisation

- Nervensystem
- Folge von Stress, Überanstrengung und Aufregung

Allgemeine Wirkungen

Phosphor ist ein Konstitutionsmittel für große, schlanke Typen mit lebhaftem Temperament und Bewegungsdrang, aber mangelnder Ausdauer und einer Neigung zu Phobien. Wenn das Haustier dem Phosphor-Typ entspricht, zeigt das Mittel ausgleichende Wirkungen auf körperliche und seelische Symptome.

Leitsymptome

- Überempfindlichkeit aller Sinnesorgane, Hektik, Hyperaktivität, Schreckhaftigkeit
- Angst und Unruhe, Neigung zu Neurosen, emotionale Ereignisse bringen das körperliche und seelische Gleichgewicht durcheinander
- Brennen
- Blutungsneigung mit hellrotem Blut
- Jungtiere, die schnell wachsen und bei denen der Stoffwechsel schnell abläuft
- produziert mehr Kot als er Futter frisst: Turbo-Stoffwechsel
- Tiere sind trotz des Bewegungsdrangs wenig ausdauernd und schnell erschöpft; müssen immer wieder kurze Ruhepausen einlegen: „Streichholz-Typ" – schnell entflammt, schnell abgebrannt
- nervöse „Tics" wie „Fliegenschnappen" und „Schwanzjagen"

Modalitäten

↓ morgens und abends, Wetterwechsel, vor Gewitter, Anstrengung, Geräusche und Gerüche

↑ Ruhe, auch nur kurze Ruhephasen, Schlaf, nach dem Fressen, Zuwendung

Bewährte Indikationen

- Ängste, Panikattacken, Geräusch-Phobien und stressbedingte Verhaltensstörungen: kann nicht allein bleiben, reagiert mit Unsauberkeit
- Ängste: keine isolierten Phobien, sondern generelle Angst
- Nasenbluten, Zahnfleischbluten, Blut in Erbrochenem, Stuhl und Urin
- Erbrechen und Durchfall durch Stress und Aufregung
- Herzschwäche mit Herzklopfen, Unruhe und Angst
- Erkältungen mit trockenem Husten, Bronchitiden und Lungenentzündungen
- Beschwerden aufgrund des schnellen Wachstums, z. B. Knochenschmerzen, leichte Erschöpfbarkeit oder Anämien; Tiere magern nach Geburt und Aufzucht ab, haben ein schlechtes Fell und erholen sich nur langsam

Konstitution des Tieres

- sehr temperamentvolle, lebhafte und empfindsame Tiere; reagieren auf alles; sind bereits nach kurzer Ruhephase wieder voller Energie
- Tiere lernen schnell, vergessen aber auch schnell wieder; interessieren sich für alles in ihrer Umgebung; Neigung zu aufmerksamkeitsforderndem Verhalten bei Phosphor-Typen
- Tiere können nicht allein sein
- Tiere leiden unter Angst und Panik bei Geräuschen (Gewitter, Silvester)
- hochaufgeschossene, schlanke Tiere mit glänzendem Fell; sind immer hungrig, nehmen aber nicht zu; nicht mager und mit schlechter Fellqualität wie der Arsenicum-album- oder der Jodum-Typ; Phosphor-Typ: sportlich-athletisch mit Sprinterfigur
- Tier hat Angst vor der Untersuchung und ganz besonders vor Spritzen

Potenzen

- Verschreibungspflicht bis D3
- bewährt als Konstitutionsmittel, wenn Hunde oder Katzen dem Phosphor-Typ entsprechen; Einzelgaben von C30 im 2–3-wöchigen Abstand

Tipp

Als Phosphorus D12 (2-mal täglich 5 Globuli) bewährt bei Gewitter- oder Silvesterangst, bevorzugt in Kombination mit Borax D4 (3-mal 5 Globuli/Tag).

Phytolacca (Kermesbeere)

Causa/Lokalisation

- Drüsen

Allgemeine Wirkungen

Phytolacca hat sich im Veterinärbereich bei Hals- und Mandelentzündungen mit starken Schmerzen und bei Entzündungen des weiblichen Gesäuges bewährt.

Leitsymptome

- Halsschmerzen: Tiere verweigern Futter und Wasser
- dunkelrote und entzündete Mandeln
- Gesäuge der weiblichen Tiere ist hart, geschwollen, heiß, knotig und sehr schmerzhaft mit wässrigem oder dicklich-eitrigem Sekret
- schmerzhafte, vergrößerte, harte Lymphknoten
- rechtsseitiges Mittel

Modalitäten

↓ Bewegung, nasskaltes Wetter, nachts, warmes Trinken (Halsschmerzen)
↑ Ruhe, kaltes Wasser

Bewährte Indikationen

- Mastitiden: Entzündungen und Verhärtungen des Milchdrüsengewebes
- Mammatumoren, insbesondere schmerzlose und trockene Mammatumoren, die in der Scheinträchtigkeit wachsen
- chronische Hals- und Mandelentzündungen
- Lymphadenitis, Lymphangitis

Konstitution des Tieres

- organotrope Wirkung von Phytolacca steht im Vordergrund

Potenzen

- D3, D6, D12

Tipp

Die beste Wirkung erzielt man, wenn Phytolacca direkt zu Beginn der Scheinträchtigkeit gegeben wird.

Pulsatilla (Wiesenküchenschelle)

Causa/Lokalisation

- hormonelle Umstellungen

Allgemeine Wirkungen

Pulsatilla ist der „Wetterhahn“ oder die „Windblume“ unter den homöopathischen Mitteln. Sowohl körperliche als auch seelische Symptome sind wechselhaft und widersprüchlich.

Leitsymptome

- Symptome sind wechselhaft: wechselnde Verdauung, wechselhaftes Verhalten, Läufigkeit mal zu früh, mal zu spät oder mal stark, mal schwach
- ausgeprägte Stimmungsschwankungen: sehr liebebedürftig, kann aber auch zickig sein, wenn es seinen Willen nicht bekommt
- unwillkürlicher Harnabgang aus Angst oder Freude – bevorzugt bei Jungtieren, kann aber auch bei älteren Tieren auftreten
- übergewichtige Tiere, obwohl sie wenig fressen
- durstlos
- Entzündungen mit reichlich dicken, gelbgrünen, milden Ausscheidungen

Modalitäten

↓ abends, nachts, Wärme, Wetterwechsel, vor und während Läufigkeit, im Zimmer, Ruhe

↑ frische Luft und Kühle, Bewegung draußen

Bewährte Indikationen

- Blasenentzündungen und Inkontinenz der kastrierten Hündin
- Augenbeschwerden mit Tränen, Eiter, Juckreiz, Rötung und Schwellung der Lider und Bindehäute
- Ohrenentzündungen mit Schwellung und dickem grün-gelbem Eiter
- Schnupfen

- unregelmäßige Läufigkeiten oder Rolligkeiten, meistens ist der Zyklus verzögert und die Läufigkeit/Rolligkeit wenig intensiv: kurz, wenig Absonderungen; häufig keine Schwangerschaft nach dem Deckakt
- Schweinschwangerschaften mit geschwollenen Milchdrüsen und viel Milch, außerdem Nestbauverhalten, Depressionen, Müdigkeit, geringem Appetit
- Neigung zu Scheidenentzündungen bei juvenilen Tieren und Gebärmutterentzündungen
- akute Gastroenteritiden mit Schleim und Ausscheidungen unterschiedlicher Farbe und Konsistenz; Ursache: fettes, kaltes Futter
- mangelndes Selbstbewusstsein, Depressionen, Ängste, Launenhaftigkeit
- hormonell bedingte Hautbeschwerden mit Juckreiz, trockenem Haarkleid und Haarausfall; Haut fühlt sich schlaff an und kann durch Pigment schwarz gefärbt sein

Konstitution des Tieres

- Tiere – meistens weiblich – sind brav, anhänglich und verschmust
- können aber auch zickig und launisch werden, um ihren Willen zu bekommen
- können nicht allein sein und reagieren mit Weinen, Unsauberkeit und Zerstörungswut
- Tiere sind gerne im Freien

Potenzen

- Verschreibungspflicht bis D3
- wenn Hunde oder Katzen dem Pulsatilla-Typ entsprechen: Einzelgaben von C30
- bei akuten Beschwerden, z. B. Verdauungsstörungen, rein organotrope Behandlung mit tiefen Potenzen D4, D6

Tipp

Da Pulsatilla auf den Hormonhaushalt wirkt, hilft es bei hormonellen Problemen während der Läufigkeit oder Rolligkeit, dem Decken und der Schwangerschaft. Will man beispielsweise die Läufigkeit einer Hündin einleiten oder regulieren, gibt man 3 Wochen lang jeweils 3-mal täglich 5 Globuli Pulsatilla D4 – am besten in Kombination mit Cimicifuga. Auch die Vorhautentzündung des Rüden mit gelblich-eitrigem, nicht reizendem Ausfluss aus der Vorhaut, reagiert auf eine Behandlung mit Pulsatilla. Zum Kombinieren eignet sich am besten Echinacea D3.

Rhus toxicodendron (Giftsumach)

Causa/Lokalisation

- Bindegewebe (Gelenke, Sehnen, Sehnenscheiden)
- Folge von Anstrengung, Nasswerden
- Haut

Allgemeine Wirkungen

Rhus toxicodendron hilft bei vielen Beschwerden des Bewegungsapparats, indem es die Durchblutung von Sehnen und Muskeln anregt. Außerdem wird es bei Hauterkrankungen, vor allem Kontaktallergien eingesetzt.

Leitsymptome

- Schmerzen in der Ruhe, daher Bewegungsdrang und Ruhelosigkeit
- spezifische Wirkung auf Sehnen, Bänder, Gelenke und Muskelgewebe
- steife Gelenke, vor allem durch Kälte und Nässe

Modalitäten

↓ nachts, Ruhe, Nässe und Kälte, Aufstehen und zu Beginn der Bewegung, zu viel Belastung

↑ Wärme, ständige gemäßigte Bewegung

Bewährte Indikationen

- akute Lahmheiten, Folge von Verrenkung, Zerrung und Prellung
- chronische Lahmheiten wie Arthrose oder Hüftgelenksdysplasie
- Muskelkater nach Überanstrengung durch Training, z. B. durch Agility des Hundes
- Sehnenentzündungen durch Überanstrengung, Kälte und Nässe
- nässende Ekzeme mit Hautrötung, Bläschen, Quaddeln und Juckreiz; Ursache: Kontaktallergie (z. B. Liegeplatz, Halsband, Futternapf)

Konstitution des Tieres

- Leitsymptome im Vordergrund: Verschlechterung durch Ruhe und Kälte
- Tiere wirken reizbar und ungeduldig durch Schmerzen und motorische Unruhe, vor allem in der Nacht

Potenzen

- D12

Tipp

Insbesondere ältere Hunde und Katzen mit Schmerzen beim Laufen durch Arthrose, vor allem in der kalten und nassen Jahreszeit mit der charakteristischen motorischen Unruhe profitieren von Rhus toxicodendron.

Ruta (Gartenraute, Edelraute)

Causa/Lokalisation

- Folge von mechanischen Verletzungen und Traumata, z. B. Quetschung, Schlag, Sturz
- Folge von Überanstrengungen
- Knochen und Knochenhaut, Sehnen und Bindegewebe

Allgemeine Wirkungen

Ruta ist ein wichtiges homöopathisches Mittel bei traumatischen Schädigungen von Sehnengewebe und Knochenhaut

Leitsymptome

- Schädigungen und Verletzungen von Periost, Sehnengewebe und Bandansätzen
- Lahmheit
- starke Schmerzen
- Steifheit
- Knochen fühlen sich wie „verrenkt und zerschlagen“: bei Tieren schwer feststellbar; Orientierung: Lahmheit und Schmerzen
- Ablagerungen in Knochenhaut, Sehnen und in der Umgebung der Gelenke
- Ruhelosigkeit
- schwache Hüften, Extremitäten geben beim Aufstehen nach

Modalitäten

↓ Ruhe, aber auch Überanstrengung, nasses und kaltes Wetter
↑ Bewegung, Wärme

Bewährte Indikationen

- Distorsion und Zerrung mit Verletzung von Periost, Knorpeln, Bändern und Sehnen
- Knochenhautentzündung und Knochenwucherung

- Sehnen- und Sehnenscheidenentzündung
- Lumbago mit Schmerzen beim Aufstehen

Konstitution des Tieres

- organotrope Wirkung von Ruta steht im Vordergrund

Potenzen

- D6

Tipp

Ruta lässt sich bei Distorsionen und Zerrungen, die mit einem Hämatom einhergehen, gut mit Arnica und bei Knochenhautschäden mit Symphytum kombinieren.

Sepia (Tintenfisch)

Causa/Lokalisation

- Hormonsystem
- Folge von geistig-seelischer oder körperlicher Erschöpfung durch Überlastung
- Stauungen des venösen Systems

Allgemeine Wirkungen

Sepia ist ein Mittel mit Bezug zu den weiblichen Geschlechtsorganen und passt vor allem zu älteren Tieren während Phasen der hormonellen Umstellung. Die Funktion der Eiterstöcke ist schwach ausgeprägt, die Läufigkeit der Hündin bzw. die Rolligkeit der weiblichen Katze ist schwach ausgeprägt, in großen Abständen oder ganz ausbleibend.

Leitsymptome

- fehlende Elastizität
- schlaffe Haut
- Hängebauch
- hängendes Gesäuge, schlaffe Zitzen
- Uterus schlaff und groß, hängt tief in das Abdomen
- wundmachender, übelriechender Fluor mit Juckreiz und Rötung der Scheide
- übler Geruch aller Ausscheidungen
- Frostigkeit
- Gelbfärbung der Haut um die Vulva
- Harndrang, unfreiwilliger Harnabgang, Blasenschwäche

Modalitäten

↓ vor und im Östrus, Kälte, Stress, Anstrengung

↑ Bewegung, im Freien, Wärme

Bewährte Indikationen

- chronische Gebärmutterentzündungen älterer Tiere mit rotbraunem, übelriechendem Ausfluss
- chronische Gebärmutterentzündungen mit Unfruchtbarkeit
- chronisch-rezidivierende Scheidenentzündungen älterer Tiere
- Sterilität durch Eileiterverklebungen und -verwachsungen
- Frigidität: Tiere lassen sich nicht decken, schwache Libido
- chronische Blasenentzündungen
- Dematomykosen
- trockene, schuppige Hautbeschwerden mit starkem Juckreiz oder pustulöse, nässende, seborrhoische Ekzeme

Konstitution des Tieres

- reizbare, aggressive Tiere, mitunter auch gegen die Besitzer gerichtet oder
- gleichgültig, trübsinnig, ängstlich und depressiv
- will seine Ruhe haben, kann gut allein sein
- struppiges Fell, Haarausfall als hormonelle Ursache, beispielsweise nach Geburt, Läufigkeit oder Rolligkeit

Potenzen

- D12
- als Konstitutionsmittel Einzelgaben von Sepia C30 in Abständen von einigen Wochen

Tipp

Sepia-Typen neigen zu Urovagina und Uterusatonie. Bei chronischen Gebärmutterentzündungen bietet sich eine Kombination aus Sepia und Echinacea an. Bei den Hautbeschwerden fällt die Nähe zu Sulfur auf. Bei der Auswahl für Sepia sollte auf den Hormonbezug geachtet werden.

Silicea (Kieselsäure)

Causa/Lokalisation

- Bindegewebe
- Knochensystem
- Lymphgewebe
- Haut und Anhangsgebilde

Allgemeine Wirkungen

Silicea passt zu den schwächlichen, mageren, im Wachstum zurückgebliebenen Tieren mit erhöhter Infektanfälligkeit, Bindegewebsschwäche und Neigung zu chronischen Eiterungen.

Leitsymptome

- schlechter Ernährungszustand
- Neigung zu Infektionen
- schlechte Wundheilung, jede kleinste Verletzung eitert
- Eiterungen sind reaktionsträge, schmierend und chronisch

Modalitäten

↓ Kälte, kaltes Wasser

↑ Wärme, Sommer, feuchtes und nasses Wetter

Bewährte Indikationen

- schlecht heilende Knochenbrüche
- langsames Knochenwachstum bei Jungtieren
- Hüftgelenksdysplasie
- Austreibung von Splittern und anderen Fremdkörpern aus dem Gewebe
- Ekzeme und Infektionen als Impffolgen
- Ekzeme, Abszesse, Furunkel – oft nach kleinen Verletzungen, die schlecht ausheilen
- chronisch-rezidivierende, eitrige Hautstellen durch Automutilation: Einsatz als Konstitutionsmittel, wenn zum Typ des Tieres passend

- chronische Eiterungen mit Fistelbildung
- chronische Gesäugeentzündungen (Mastitiden)
- weiche, brüchige Krallen
- schlecht heilende Narben, schmerzhaftes Narbengewebe
- Knoten, Bindegewebstumoren und verhärtete Tumoren
- Atemwegsinfektionen

Konstitution des Tieres

- Silicea-Typen sind kalt, fröstelnd mit Mangel an Lebenswärme, erkälten sich leicht
- allgemein schlechter Ernährungszustand mit erhöhter Infektanfälligkeit und trockenem, rauem Fell
- nachgiebige und schwache Tiere, empfindlich gegen alle Eindrücke, fehlendes Selbstvertrauen, ängstlich und nervös
- schnelle Erschöpfbarkeit, keine körperliche und geistige Ausdauer
- schlaffe Muskulatur und Bindegewebs- und Bänderschwäche (Hängebauch, Hängegesäuge, lockere Gelenke)

Potenzen

- D12
- als Konstitutionsmittel Einzelgaben von Silicea C30 in Abständen von einigen Wochen

Tipp

Silicea passt zu einer Hüftgelenksdysplasie durch zu großes Spiel im Hüftgelenk aufgrund der konstitutionellen Bindegewebsschwäche und kann gut mit Calcium fluoratum kombiniert werden. Silicea kann das Zahnen von Jungtieren kleinerer Rassen unterstützen und ist auch als Schüßler-Salz bekannt.

Staphisagria (Stephanskraut)

Causa/Lokalisation

- Folge von psychischen Traumata, Stress, Ärger und Kummer
- Schnittverletzungen
- Urogenitaltrakt
- Zähne
- Haut

Allgemeine Wirkungen

Staphisagria fördert die Heilung von Schnitt-, Stich- und Bisswunden und beschleunigt die Widerherstellung der Magen-Darm-Motorik nach einer Operation. Außerdem wird es neben Thuja und Causticum auch bei Warzen sowie Beschwerden im Bereich der Zähne eingesetzt.

Leitsymptome

- Schmerzempfindlichkeit
- starker Juckreiz, Lecken, Ungeduld
- Probleme beim Harnabsatz: häufiges Urinieren, Schmerzen, erhöhter Drang oder Harnträufeln
- Zähne schwarz und bröckelig, Speichelfluss und schwammiges, leicht blutendes Zahnfleisch

Modalitäten

↓ Kälte, morgens nach dem Schlaf, Ärger und Kummer, Berührung der betroffenen Teile

↑ Wärme, Ruhe, Bewegung an frischer Luft

Bewährte Indikationen

- Schnittwunden, auch nach Operationen
- Verstopfung nach einer Bauchoperation
- nervöser Durchfall, Verdauungsstörungen durch Aufregung und Stress
- chronisch-rezidivierende Blasenentzündungen, Reizblase

- Inkontinenz
- Zahnschmerzen, nach Zahnoperationen, alte Zahnentzündungen
- Warzen: kleine, stark juckende, zu Blutungen neigende Warzen, vor allem im Bereich von Körperöffnungen, z. B. am After
- schorfige, feuchte Ekzeme mit Juckreiz und Bläschenbildung
- Zeckenbisse
- Insektenstiche, Insektenstichallergie

Konstitution des Tieres

- stille, verdrießliche, niedergeschlagene Tiere, die sich leicht aufregen und aggressiv werden können
- will seine Ruhe haben
- gesteigerter Geschlechtstrieb bei männlichen Tieren, aber geringe Potenz und Abneigung gegen weibliche Tiere

Potenzen

- D4 und D6 bei körperlichen Beschwerden
- D12 bei mentalen Symptomen

Tipp

Der Staphisagria-Typ ähnelt dem Nux-vomica-Typ. Bei beiden Typen liegt die Ursache für Verhalten und körperliche Beschwerden (z. B. Verdauungsstörungen) in einem psychotraumatischen Erlebnis. Auch zeigen beide Typen eine erhöhte nervöse Reizbarkeit. Nux-vomica-Tiere sind jedoch etwas fröhlicher.

Bei Zeckenbissen wird Staphisagria (gerötete, kleine, stark juckende Schwellung mit schlechter Heiltendenz) von Apis (ödemartige schmerzhafte, hellrote und heiße Schwellung) und Ledum (kleine, druckempfindliche, dunkelrote bis bläuliche Verhärtung) abgegrenzt (▸Indikationen von A bis Z, Insektenstich, Zeckenbiss).

Sulfur (Schwefel)

Causa/Lokalisation

- Folge von Unterdrückungen
- Haut
- Schleimhäute der Augen, Ohren und des Magen-Darm-Trakts

Allgemeine Wirkungen

Sulfur ist eines der wichtigsten Konstitutionsmittel der Homöopathie. Es aktiviert den Stoffwechsel, entgiftet die Leber und hilft bei zahlreichen Hautbeschwerden. Zudem wird es neben Nux vomica zum schnelleren Abbau allopathischer Mittel eingesetzt.

Leitsymptome

- Hitze und Brennen mit Juckreiz
- zentrifugale Wirkung: von innen nach außen
- unangenehmer Haut- und Körpergeruch (tierartspezifisch)
- Tiere wirken unsauber und ungepflegt
- Abneigung gegen Wasser
- Haut trocken und schuppig
- Haut und Schleimhäute wie Augen, Ohren, Maul und After sind feuerrot
- Rhagaden, Wundheit in den Hautfalten, Furunkel, pustulöse Ekzeme
- Hautbeschwerden verschlechtern sich durch Nässe, Waschen und Baden
- Hautbeschwerden nach lokaler Medikation, z. B. Cortisonsalben
- Fellwechsel dauert lange, Unterwolle geht beim Fellwechsel schlecht raus
- morgendliche Durchfälle
- alle Ausscheidungen wie Stuhl, Schweiß oder Blut haben einen üblen Geruch
- Hautausschläge treten im Wechsel mit anderen Erkrankungen, z. B. Durchfall oder Atemwegsbeschwerden und Asthma auf bzw. treten nach Unterdrückung der Hautbeschwerden auf

- chronisches Mittel

Modalitäten

↓ abends und nachts, Nässe und Kälte, nach dem Waschen, Ruhe
↑ trockenes warmes Wetter, Bewegung und Anstrengung

Bewährte Indikationen

- Hautbeschwerden mit Juckreiz, Hautrötung, kleieartigen Schuppen und Haarausfall; Ursache: Stoffwechsel- und Leberbelastung durch Medikamente, Impfstoffe, Zeckenmittel und Fütterungsfehler
- trockene Ekzeme – vor allem an Kopf, Rücken und Innenschenkel – schlimmer durch Kratzen und Waschen
- Fellwechsel dauert zu lange
- durch Cortison und Antibiotika unterdrückte Hauterkrankungen, Augen- und Ohrenentzündungen und Atemwegsbeschwerden
- Reaktions-, Zwischen- oder Aufklärungsmittel zum Anregen des Stoffwechsels und der Selbstheilungskräfte
- chronische Erkrankungen, insbesondere Infekte und Magen-Darm-Störungen; bewährt bei Durchfall und Verstopfung in einem Stuhl
- Bindehautentzündungen mit starker Rötung, Tränen und Schleim

Konstitution des Tieres

- Tiere mit struppigem, klebrigem Fell, ungepflegtem Äußeren und warmer Haut
- großer Durst, aber wenig Appetit
- Tiere sind gerne draußen
- furchtsam, reizbar und unleidlich, wirken unentschlossen
- Tiere sind faul, Leistungen sind ihnen ein Greuel
- Hunde wälzen sich gerne in Schlamm und Pfützen

Potenzen

- D12 bei Haut- und Augenerkrankungen
- bei Einsatz als Konstitutions- oder Reaktionsmittel Einzelgaben von Sulfur C30

Tipp

Oft nützlich am Anfang einer Behandlung chronischer Fälle und beim Abschluss akuter Erkrankungen. Letzteres dient dazu, Toxine zur Ausscheidung zu bringen, um Rückfälle zu vermeiden. Wenn Beschwerden immer wieder aufflackern und chronisch werden, kann Sulfur C30 als Zwischen- bzw. Reaktionsmittel dienen. Eine Gabe von 5 Globuli C30 kann die Selbstheilungskräfte anregen und die Heilung in Gang setzen oder abschließen.
Achtung: Sulfur kann latent vorhandene Beschwerden an die Oberfläche bringen.

Symphytum (Beinwurz, Beinwell)

Causa/Lokalisation

- Knochenhaut (Periost)
- Knochen
- Sehnen und Bänder
- Folge traumatischer Verletzungen

Allgemeine Wirkungen

Symphytum fördert die Heilung von Schäden der Knochenhaut und des Knochens. Es wird bei traumatisch bedingten Knochenwucherungen – am besten in Kombination mit Hekla lava – angewandt. Außerdem fördert das homöopathische Mittel den Wundverschluss von Wunden, die bis auf die Knochenhaut und den Knochen reichen.

Leitsymptome

- schlechte Heilung von Knochenbrüchen: Symphytum fördert die Kallusbildung
- Knochenwucherungen (Exostosen)
- stechende Schmerzen
- Wundheit an der Knochenhaut

Modalitäten

↓ Berührung, heftige und ruckartige Bewegungen
↑ keine Angaben

Bewährte Indikationen

- Knochenbrüche, vor allem bei frischen und bei schlecht heilenden Knochenbrüchen
- Verletzungen von Knochen und Knochenhaut
- Knochenhautentzündungen
- Verletzungen von Sehnen und Bandapparat
- Spondylose mit Knochenwucherungen
- Hüftgelenksdysplasie mit Knochenwucherungen

- Rückbildung traumatischer Exostosen und Periostschäden bei Arthrosen
- traumatische Verletzungen des Auges, Augapfelblutungen („blaues Auge“)
- Tumoren und Neubildungen im Knochen-Periost-Bereich

Konstitution des Tieres

- organotrope Wirkung von Symphytum steht im Vordergrund

Potenzen

- D2, D3

Tipp

Symphytum wird mit Hekla lava kombiniert, wenn es zu Knochenwucherungen bei einer Spondylose oder Hüftgelenksdysplasie gekommen ist. Bei Knochenbrüchen wird Symphytum mit dem passenden Calcium-Salz kombiniert. Es kann auch äußerlich bei Wunden eingesetzt werden, bei denen Knochenhaut und Knochen betroffen sind, eventuell mit Calendula-Essenz kombinieren.
Symphytum wird bei Schmerzen im Auge nach einem Schlag mit einem stumpfen Gegenstand eingesetzt. Man bezeichnet Symphytum daher auch als „Arnica des Auges“. Bei Augapfelblutungen mit Hamamelis kombinieren. Achtung: Die Grenzen der Selbstmedikation sind zu beachten.

Thuja (Lebensbaum)

Causa/Lokalisation

- Haut
- Schleimhäute
- Folge von Impfungen

Allgemeine Wirkungen

Das Konstitutionsmittel Thuja hat eine Beziehung zum Wachstum krankhafter blumenkohlartiger Wucherungen und schwammiger Tumoren und gilt als Hauptmittel für Warzen. Aber es hilft auch bei anderen Hautproblemen, die sich durch Kälte und Nässe verschlechtern. Betroffene Körperteile sind insbesondere Augenlider, Ohren, Nase, Hals, Bauch und Geschlechtsorgane. Typisch sind gelbgrüne, schleimig-eitrige Ausscheidungen.

Leitsymptome

- nach Impfreaktionen oder Impfschäden, Hauptmittel nach einer Impfung
- nach Nebenwirkungen durch schulmedizinische Medikamente
- Warzen, blumenkohlartige und schwammige Wucherungen und Neubildungen der Haut und Schleimhaut, die leicht bluten und jucken
- Übergang Haut und Schleimhaut
- Neigung zu Verhornung, Verhärtung und Dunkelpigmentierung
- Neigung zu Verstopfung
- linksseitiges Mittel
- gelbgrüne, schleimig-eitrige Absonderungen

Modalitäten

↓ abends, nachts, Kälte und Nässe, Wetterwechsel

↑ Bewegung, Wärme

Bewährte Indikationen

- Warzen
- Hautbeschwerden – vor allem an den Geschlechtsorganen – mit Juckreiz, Hautverdickung und Dunkelpigmentierung
- Impfreaktionen an Magen-Darm-Trakt mit Übelkeit und Durchfall, der Haut mit Warzen und Wucherungen und der Atemwege mit Schnupfen und Husten
- chronischer Schnupfen mit gelbgrünem Sekret
- chronische schmerzhafte Ohrenentzündungen mit gelbgrünem Eiter und Warzen oder Polypen im Gehörgang
- chronischer Schnupfen mit dickem, gelbgrünem, schleimigem Eiter und Geschwüren in den Nasenlöchern
- Lidrand- oder Analdrüsenadenome (gutartige Schleimhautgeschwülste)
- knotige und hängende Mammatumoren bei Tieren, die dem Thuja-Bild entsprechen
- Zahnfleischwucherungen
- chronisch-rezidivierende Scheidenentzündungen
- chronische Blasenentzündungen mit schleimig-eitrigem und blutigem Urin; passives Austreten des Urins aus der Harnröhre
- Entzündungen und Vergrößerungen der Prostata mit Blasen- und Harnröhrenentzündungen

Konstitution des Tieres

- gutmütiger Typ, außer bei Krankheit; dann werden die Tiere unleidlich und niedergeschlagen
- oft dunkelhaarige Tiere
- faul, dicklich und aufgedunsen

Potenzen

- Lidrand- und Analdrüsenadenome: Thuja D12, 2-mal täglich 5 Globuli
- nach der Impfung: 3 Tage lang je 3 Globuli Thuja C30
- bei allen anderen Beschwerden Einzelgaben hoher Potenzen (C30), wenn der Hund oder die Katze dem Thuja-Typ entsprechen

Tipp

Bei den typischen blumenkohlartigen Warzen kann Thuja auch äußerlich angewendet werden. Die Warzen werden mit Thuja-Urtinktur betupft. Achtung: Fellfärbungen sind möglich.

Urtica (Kleine Brennnessel)

Causa/Lokalisation
- allergische Hautreaktionen

Allgemeine Wirkungen
Urtica ist die Brennnessel; deren Hautsymptome sind bekannt. Urtica wird bei allergischen Hautbeschwerden eingesetzt, die wie nach einem Kontakt mit Brennnesseln aussehen.

Leitsymptome
- brennende Schmerzen
- Ödeme, Schwellungen, Knötchen, Pusteln und rote Flecken
- starker Juckreiz

Modalitäten
↓ Kälte, Waschen mit kaltem Wasser, Berührung, Anstrengung
↑ keine Angaben

Bewährte Indikationen
- Hautausschläge
- Urtikaria: nesselartige, juckende Ekzeme
- Blasenbildung bei Verbrennungen (Add-on-Therapie)

Konstitution des Tieres
- organotrope Wirkung von Urtica steht im Vordergrund

Potenzen
- D6

Tipp
Bei ödematösen Hautbeschwerden ist Urtica von Apis abzugrenzen (▸Apis mellifica). Auch Hautbeschwerden im Wechsel mit rheumatischen Beschwerden passen zum Arzneimittelbild von Urtica.

Viscum album (Mistel)

Causa/Lokalisation

- Herz-Kreislauf-System
- Bewegungsapparat, vor allem Gelenke
- biologische Tumortherapie

Allgemeine Wirkungen

Viscum album gilt als eines der Altersmittel in der Homöopathie (▸ Indikationen von A bis Z, Altersmittel). Durch die günstige Wirkung auf Herz und Kreislauf stärkt es das Allgemeinbefinden der Tiere.

Leitsymptome

- steife Gelenke
- schmerzhafte Muskeln
- Störungen des Blutdrucks
- unregelmäßiger Puls; aufgrund der Vaguswirkung von Viscum album jedoch meistens langsam, klein und schwach
- Herzklopfen, Herzdruck, fühlbare Extrasystolen

Modalitäten

↓ Winter, Kälte und Sturm, Bewegung, in Linkslage
↑ im Freien

Bewährte Indikationen

- Bluthochdruck
- nervöse Herzbeschwerden
- Herzhypertrophie bei Herzklappenfehlern, Achtung: Einsatz von Viscum album **nur** nach Rücksprache mit dem behandelnden Therapeuten
- Arthrose, vor allem bei älteren Tieren
- kleinere Mammatumoren bei eher übergewichtigen, älteren Tieren mit beginnender Herzinsuffizienz

Konstitution des Tieres

- meist ältere Tiere mit Herz- und Gelenkproblemen
- oft übergewichtig
- Tiere sind niedergeschlagen, empfindlich und schreckhaft, ausgeprägte Schläfrigkeit am Tag

Potenzen

- D4, D6

Tipp

Viscum album ist das homöopathische Mittel der Wahl bei alten Tieren mit steifen und schmerzenden Gelenken, einem unsicheren Gang und Herzproblemen. Bei Arthrose laufen sich die Tiere im Gegensatz zu Rhus toxicodendron nicht ein. Bei chronischem Rheumatismus mit schmerzhaften schubartigen Gelenkentzündungen haben sich Quaddelungen der betroffenen Gelenke bewährt. Viscum album kann beim Altersherz mit Crataegus kombiniert werden. Achtung: Die Behandlung von Herzerkrankungen gehört in die Hand eines Therapeuten und sollte nicht durch den Tierhalter erfolgen.

Viscum album wird in der biologischen Tumorbehandlung eingesetzt. Die Wirkstoffe sind Lektine und Viscotoxine. Sie regulieren das Immunsystem zur besseren Eigenabwehr, wirken aber auch direkt auf den Tumor durch Induktion des Tumorzelltodes und teilweise zytotoxische Wirkungen. Das erste Ziel einer Misteltherapie bei Tumorerkrankungen ist jedoch, die Lebensqualität der Tiere zu verbessern oder zu erhalten. Betroffene Hunde und Katzen erhalten mehrmals pro Woche Viscum-album-Injektionen in aufsteigender Konzentration. Auch hier sollte auf eine Behandlung durch den Tierhalter verzichtet werden, da eine solche Tumorbehandlung aufgrund der Schwere der Erkrankung und der notwendigen korrekten Einschätzung der Reaktionen der Misteltherapie eine entsprechende Erfahrung voraussetzt. Weitere Informationen: z. B. www.viscumvet.org.

Viscum album sollte nicht zusammen mit Nux vomica oder Chamomilla angewendet werden, da diese Mittel die Wirkung aufheben könnten.

Literatur

Mezger J. Gesichtete homöopathische Arzneimittellehre, 13. Aufl., Haug Verlag, Heidelberg 2017

Pitcairn RH, Jensen W. Homöopathisches Tierrepertorium, 1. Aufl., Narayana Verlag, Kandern 2014

Rakow B. Homöopathie für Hunde, 2. Aufl., Kosmos Verlag, Stuttgart 2009

Rakow B. Homöopathie in der Tiermedizin, 1. Aufl., AUDE SAPERE, Karlsbad 2001

Schmidt A. Grundkurs in klassischer Homöopathie für Tierärzte, 3. Aufl., Sonntag Verlag, Stuttgart 2003

Steingassner HM. Homöopathische Materia Medica für Veterinärmediziner, 5. Aufl., Facultas Verlags- und Buchhandels AG, Wien 2016

Vormwald K. Praxisbuch für Tierheilpraktiker, 2. Aufl., Thieme Verlag, Stuttgart 2020

Wolff HG. Unsere Hunde – gesund durch Homöopathie, 16. Aufl., Thieme Verlag, Stuttgart 2019

Wolff HG. Unsere Katze – gesund durch Homöopathie, 11. Aufl., Sonntag Verlag, Stuttgart 2014

Sachregister

Der Textteil von Teil 2 Indikationen von A bis Z ist so abgefasst, dass, ausgehend von einer bestimmten Symptomatik des Tieres, durch Abschätzung (Differenzialdiagnose) zu Causa/Lokalisation, Leitsymptomen und Modalitäten das passende homöopathische Arzneimittel gefunden wird. Insofern macht dieses angeleitete systematische Vorgehen des Teils 2 und die monographische Gestaltung des Teils 3 (homöopathische Arzneibilder) ein Sachregister weitgehend entbehrlich.
Das nachfolgende Sachregister führt solche Begrifflichkeiten auf, die neben der angeleiteten Systematik direkt zu hilfreichen Fundstellen des Teils 2 führen.

A

B

I

K

Die Autorin

Dr. rer. nat. Daniela Birkelbach

Daniela Birkelbach ist Heilpraktikerin für Menschen und Tiere und seit mehr als 20 Jahren in eigener Praxis für ganzheitliche Naturheilverfahren tätig. Die Ausbildung zur Tierheilpraktikerin erfolgte an der Akademie für Naturheilkunde (ATM), Bad Bramstedt, in der neben einem soliden Basiswissen der klassischen Schulmedizin verschiedene Naturheilverfahren aus dem Veterinärbereich geschult wurden.

Es folgten Weiterbildungen in klassischer Homöopathie, Phytotherapie, Akupunktur, Traditioneller Chinesischer Medizin und Verhaltenstherapie bei Haustieren. In der täglichen Praxis arbeitet Frau Dr. Birkelbach – je nach Beschwerden ihrer vierbeinigen Patienten – ganz individuell mit den genannten Naturverfahren, wobei sie sich schwerpunktmäßig mit Homöopathie und Akupunktur beschäftigt.

Neben der Praxisarbeit ist Frau Birkelbach auch als Referentin und Autorin tätig.

Von Wolfgang Daubenmerkl

XVII, 287 Seiten.
Format 11,5 x 16,5 cm.
Flexibel.
ISBN 978-3-8047-3473-9

E-Book: PDF.

ISBN 978-3-8047-3483-8

Als Tierarzt und Heilpraktiker stellt der Autor seine Erfahrungen zusammen. Nach Organsystemen geordnet,

- beschreibt er Charakteristiken, Ursachen und Symptome der verbreiteten Pferdeerkrankungen,
- nennt allgemeine Behandlungsmaßnahmen und
- empfiehlt zugehörige homöopathische Hauptmittel und Ergänzungsmittel mit konkreter Dosierung.

Die 2. Auflage aktualisiert die Auswahl und Potenzen der Arzneimittel sowie arzneimittelrechtliche Besonderheiten. Neu aufgenommen sind die Krankheitsbilder Hahnentritt, Cushing-Syndrom und PSSM.

Wissenschaftliche Verlagsgesellschaft Stuttgart

www.wissenschaftliche-verlagsgesellschaft.de

Von Alexander Jaksche

XIII, 113 Seiten. 38 farb Abb. 4 Tab. Format 11,5 x 16,5 cm. Kartoniert.
ISBN 978-3-7692-6914-7

E-Book: PDF.
ISBN 978-3-7692-7016-7

Was raten Sie Ihrem Stammkunden, wenn sein Hund nicht mehr fressen will? Weshalb ist das Fell von Struppi in letzter Zeit so stumpf und glanzlos? Und wie kriegen Sie eine Katze dazu, die Wurmpaste zu fressen?

Viele Tierhalter fragen zunächst in der Apotheke an, wenn es um das Wohl ihrer Lieblinge geht. Stellen Sie sich auf deren Anliegen ein – mit seinen Antworten auf 66 häufige Fragen zeigt Ihnen ein erfahrener Tiergesundheits-Apotheker, wie es geht.

Der Markt für Tiergesundheit wächst seit Jahren kontinuierlich. Besetzen Sie mit überschaubarem Aufwand eine Nische – um alte Stammkunden zu binden und neue zu gewinnen.

Deutscher Apotheker Verlag

www.deutscher-apotheker-verlag.de

Von Herbert Konrad

176 Seiten. 57 Tab.
Format 11,5 x
16,5 cm. Flex.
ISBN 978-3-8047-4261-1

E-Book: PDF.
ISBN 978-3-8047-4301-4

Ein erfahrener Tierarzt hat die Kunst seiner ganzheitlichen Behandlung zusammengetragen

- Pflanzliche Drogenprofile: therapierelevante Charakteristika der pflanzlichen Drogen
- Tierärztliche Praxis: Untersuchung, Repertorisierung, Therapievorgehen, Berechnung der Dosis für das Pferd, einschließlich Pferde-Patientenfällen
- Indikationen: bewährte Phytotherapeutika der verbreitetsten Erkrankungen

Dieses Buch zeigt, dass auch chronische oder schulmedizinisch austherapierte Fälle mit der Heilkraft der Pflanzen erfolgreich behandelt werden können.

Wissenschaftliche Verlagsgesellschaft Stuttgart

www.wissenschaftliche-verlagsgesellschaft.de